U0224666

重庆 江湖菜

食在川渝 味在江湖 贵在鲜香 酣畅淋漓

卢 郎　陈小林　朱国荣　编 著

全新升级版　第七次印刷

重庆出版集团 重庆出版社

图书在版编目（CIP）数据

重庆江湖菜: 全新升级版 / 卢郎, 陈小林, 朱国荣编著 . —重庆: 重庆出版社, 2017.12(2024.5重印)

ISBN 978-7-229-11569-2

Ⅰ.①重… Ⅱ.①卢… ②陈… ③朱… Ⅲ.①菜谱—重庆 Ⅳ.①TS972.182.719

中国版本图书馆CIP数据核字(2016)第220516号

重庆江湖菜(全新升级版)
CHONGQING JIANGHUCAI (QUANXIN SHENGJI BAN)

卢 郎 陈小林 朱国荣 编著

责任编辑:刘 喆 王 梅
责任校对:何建云
摄 影:陈 军 田道华 曹雅维 王艺韬
装帧设计:阳和文化 王艺韬

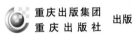
重庆出版集团 出版
重庆出版社

重庆市南岸区南滨路162号1幢 邮编:400061 http://www.cqph.com

重庆三达广告印务装璜有限公司印刷
重庆出版集团图书发行有限公司发行
全国新华书店经销

开本:787mm×1092mm 1/16 印张:12.25 字数:220千
2017年12月第1版 2024年5月第7次印刷
ISBN 978-7-229-11569-2

定价:42.00元

如有印装质量问题,请向本集团图书发行有限公司调换:023-61520678

图 书 编 委 会

卢　郎　陈小林　朱国荣

何礼中　刘启超　杨　明

吴进建　田治平　杨兴云　魏　伦

菜品制作　饭江湖餐馆

序

话说江湖菜

一、什么是江湖菜

20世纪80年代，一场倡导"麻辣鲜香烫"五味俱全、俱浓的菜肴创新变革，风靡巴山蜀水乃至全国，这场菜式革命，被冠名为"重庆江湖菜"。

为什么叫"江湖菜"？一时颇有些令人费解，须知，江湖菜，在川菜24种味型中，都有迹可寻，并没有脱离川菜樊篱。川菜24种味型，分为三大类，第一类为麻辣类味型，有10种：麻辣味、红油味、煳辣味、酸辣味、椒麻味、家常味、荔枝辣香味、鱼香味、陈皮味、怪味；第二类为辛香类味型，有8种：蒜泥味、姜汁味、芥末味、麻酱味、烟香味、酱香味、五香味、糟香味；第三类为咸鲜酸甜类味型，有6种：咸鲜味、豉汁味、茄汁味、醇甜味、荔枝味、糖醋味。

当时的所谓"江湖菜"，虽说颠覆了"清鲜醇浓并重，麻辣辛香巧用"，一菜一格，百菜百味的川菜烹饪手法，破坏了平衡，加大了麻辣猛料，但即使这样，也可以说是新川菜，或重庆川菜，为何偏偏冠名为"重庆江湖菜"呢？

问题或许是出在厨师身上。传统川菜厨师，在拜师学艺，吸收前辈精华的同时，各式菜肴，各种味型，也在大脑中形成一种模式，他们不敢越雷池，也不会越雷池！

而早期江湖菜的厨师，大多是半路出家，或无师自通，喜欢烹饪，敢于用料，胆量过人，烹饪中率性任意，无任何条条框框，所烹饪的菜肴，或辣得让人耳朵冒烟，或麻得使人张口结舌，用料到了极致，也会产生意想不到效果，于是一菜成名，大有横空出世，天马行空之霸气！他们如同过去江湖上的独行侠，剑走偏锋，成则扬名，败则敛迹。传统川菜厨师敢这样干试试，同门师兄会来理麻你，老师也会来理麻你：你丢了老师的脸面，丢了同门师兄的脸面！

早期江湖菜有个特点，食材十分简单，基本上都是取材于当地，江湖菜的鼻祖来凤鱼、酸菜鱼，食材取自江河湖泊，都不名贵，所烹饪出的菜肴，价格也不昂贵，这是决定它大规模流行、颇受食客喜欢的一个十分重要的条件。

江湖菜还有个特点：非此非彼，似像非像。拿来凤鱼来说吧，实则是传统川菜"水煮"的翻新，又吸收了火锅的一些手法，取名就颇费周折了，干脆就以地名冠之。酸菜鱼也是以辅料酸菜冠之。其后出现的翠云鱼、北渡鱼、球溪河鲶鱼等，都是这样。辣子鸡也是以辅料辣椒冠名。泉水鸡烹饪手法其实民间早有，移植过来，干脆以"泉水"二字为名冠之。

于是乎，将这些菜肴冠名为"江湖"二字，就名副其实了。本来，"江湖"二字并无特殊含意，古时可以指四方各地，如三国时期，曹操在《让县自明本志令》写到："江湖未静，不可让位；至于邑土，可得而辞。"也可以指民间，如宋代罗大经《鹤林玉露》卷九："今江湖间俗语，谓钱之薄恶者曰悭钱。"

将这些菜肴冠名为江湖菜，一则是烹饪手法几不像，二则是其名土得掉渣，三则是大都出自歪棚小店，四则是厨师非正规学艺出身，大家觉得"江湖"二字符合这些特点，又显得霸气，而且容易理解：四方各地和民间的菜肴，经过江湖独行侠般的厨师改进，形成味觉强烈冲击的菜肴，就是江湖菜。

由于最先出道的来凤鱼、酸菜鱼来自江河湖泊，以此来下一个定义，江湖菜就是："江河湖海之厨师烹饪，江河湖海之人喜欢，且取自当地普通食材的菜肴"。

江湖菜的精髓：重麻辣，味醇厚，好辛香。

二、江湖菜形成的天时、地利、人和

没有改革开放，就没有江湖菜！

试问，在计划经济时期，各个餐厅饭馆都是国营的，或者是集体的，经营的菜肴都有模式，菜谱上定着哩，哪个厨师敢擅自作主改变？若心血来潮自作主张，当心砸了你的铁饭碗！又有哪个厨师敢超出师傅传授的一招一式，自行打祖师爷的翻天印？

只有改革开放，允许个体经营后，各种餐厅饭馆，如雨后春笋般布满城镇大街小巷，竞争激烈。为求生存、求效益，大家都在口味上追求新、追求变，江湖菜应运而生。

大量的江湖菜，都是小餐馆创制出来的，皆因为这些小餐馆，大多是老板亲自掌厨，或只有一个厨师，而且厨师大多也是半路出家。而许多老板，本身不是厨师出身，但开了店，无师自通学了厨艺。他们可以想到啥就做，无须请示批准。

这就是江湖菜形成的天时。

重庆地处丘陵地带，江河湖泊众多，各类食材丰富。单是鱼，就不下数十个品种，临江靠河傍湖地区，还可养鸭养鹅，山丘地带也可养鸡养牛养羊，又或家家户户养猪，可供烹饪食材十分丰富。

何况，江湖菜出道之时，正是重庆火锅黄金大发展之时，火锅的繁荣，开拓了食材的多种用途，火锅的味型，又给江湖菜兴起提供了借鉴机会。

这是江湖菜形成的地利。

"只要会炒菜，都可以当厨师，做到辣椒多、花椒多、味精鸡精多就行，反正江湖菜不讲究刀工。"一些人这样形容江湖菜厨师。

但又不得不承认一个现实，江湖菜，受到了食客广泛的欢迎，在当时的社会变革时期，人们的口味也需要变革，不然，一个来凤鱼，为何会令著名书法家杨萱庭欣然题书"鲜鱼美"，盛赞味在来凤，引得不少名人、贵人、达人专程到来凤吃鱼。

发展是硬道理，存在，就是合理。

中国人的思想被压抑得太久，改革开放后，随着思想的解放、社会的开放，口味也需要开放，也需要张扬，而江湖菜，就是张扬川菜革新的狂飙！它所倡导的"麻、辣、烫、嫩、鲜"的食风，将具有叛逆精神、肠胃已经被重庆火锅的麻、辣、烫洗涤了一遍的年轻人，及稍后的"八零后"的肠胃，又认认真真彻彻底底地洗涤了一遍。这帮人是喜欢而食，食而上瘾。他们的口味又会影响其家人，潜移默化，家人先是被迫或应付着吃，而后也逐渐迷上这种菜肴，于是，麻辣鲜香烫大行其道。结果是不少人只认识江湖菜，对传统川菜，或其他地区的菜肴，反倒不认了。

对于当时重庆的大多数年轻人，再怎么给他推荐说八宝鸡营养，他们还是更爱泉水鸡、辣子鸡、焖烧鸡、口水鸡。再怎么宣传干烧鱼是传统川菜，味道醇厚，他们还是奔向酸菜鱼、水煮鱼、北渡鱼。鸭肴也如此，传统川菜里的樟茶鸭、口袋鸭，这些人都会忽视，目光紧盯着啤酒鸭、魔芋鸭。同样，他们也会不屑传统川菜中的鱼香熘兔丝，而毫不犹豫选择跳水兔、干锅兔等麻辣鲜香味更浓的江湖菜。

这就是江湖菜形成的人和！

三、江湖菜的影响

江湖菜是重庆烹饪历史上的一场变革，也可说是中国烹饪史上的。对菜系范围内味型的变革，它所产生的影响，是现实的，也是历史的，是重庆烹饪史上浓墨重彩的亮点。

迅猛发展的江湖菜还以主菜为主，派生出支脉，衍生出多个品种。如辣子系列除辣子鸡外，还有香辣猪手、辣子田螺、辣子小龙虾、辣子蟹、香辣虾、辣子肥肠、辣子腰花、辣子牛肉等。

麻辣系列有泉水鸡、芋儿鸡、毛血旺、麻辣鱼、乌江鱼、啤酒鸭、璧山兔、球溪河鲶鱼等。

酸菜系列有酸菜鱼头、酸菜肚条、酸菜泥鳅片、酸菜鲜鱿、酸菜美蛙等。

泡椒系列有泡椒牛蛙、泡椒回锅肉、泡椒苗苗鱼、泡椒童子鸡、泡椒虾滑等。

古往今来，全国各大菜系，像这样以一款龙头菜打头，衍生出这么多菜肴的，唯有江湖菜。其影响力已远远跨越秦岭、夔门，影响着全国各个菜系，大有不把国人的肠胃全部洗涤一遍，决不罢休之势。

也正是江湖菜的影响，重庆厨师在全国烹饪界扬名了。20世纪90年代末，在北京、深圳、广州，重庆厨师很走俏，只要是重庆厨师，不少餐厅饭店抢着要。进入新世纪，北京、南京、杭州、东北地区等，重庆厨师也是身价倍增，但都有一个前提：会烹饪江湖菜！

江湖菜，从某种意义上说，已经成为重庆的一张新名片，成为重庆厨师外出打拼的基本功。而这些厨师，又将江湖菜的名声，推得更远、更盛！

以中国文化发展而言，诗经的清雅，楚辞的凝重，春秋战国的无羁，汉赋的瑰丽，魏晋的狂放，唐诗的大家风范及宋词元曲的雅俗共赏，再到明清小说的无拘无束，无一不是中华文化的瑰宝。而作为这些时代的饮食，在文人雅士笔下，也让我们亲睹了那个时期的饮食观念、饮食习俗、饮食内容及人们对美食的追求和美食对人们的影响。

而这一切，是经过数百年历史沉淀才得出的，相对于一个短时期，都不如江湖菜对人们的影响和冲击来得大，来得猛，来得突然。

在中国烹饪史上，从来没有一种菜，被这么多人关注，被这么多人追捧，同时也被这么多人褒贬，唯有江湖菜。

清代文人袁枚主张烹饪要独创，最忌落入俗套。他在《随园诗话》里说："诗以唐诗最佳，但五言八韵的试贴诗，名家不选它，这是由于它落了俗套的缘故。诗尚且这样，食物落套被人厌弃更是理所当然的了。"

抛开其他因素，单说创新，江湖菜走在了前面。它前无古人，没有负担，也没有"唐僧"式的老师不停地告诫，率直地以自己的本性，想到啥就烹饪啥，成则为王，败则为寇，成王不骄，成寇不馁，只管前行，走着走着路就宽了，从者也众了。

这股"江湖"精神，是值得我们从事烹饪工作人深思的。

占尽天时地利人和的江湖菜，如同盛开的野玫瑰，张扬地盛开在山城重庆，逐步蔓延至全国各地。

四、江湖菜就是重庆菜

发展到今天，几十年风风雨雨，江湖菜在褒贬不一的评价、议论声中，已趋向成熟。

当年，风行一时的江湖菜，已经发生了变化，一些被淘汰，一些走向沉寂，生命之树长青的，是自觉吸收传统川菜的精华，不再盲目坚持大辣大麻走极端，而是根据人们的口味，或"清鲜醇浓并重"，或"麻辣辛香巧用"，即使是辣子系列，也不再是刚猛的燥辣，而是辣中有柔，辣中有清鲜醇浓，成为有别于传统川菜的新一代重庆菜。

即使新创立的江湖菜，也放弃前辈那种剑走偏锋，以极端成名的思路，尽量在口味上下功夫，或麻辣中有婉约，或鲜香中有香辣，或隽永中有椒辣提神，普遍迎得了客人的好评。

说江湖菜成熟，还有一个重要原因，就是传统厨师基本上已经认可了江湖菜。在当时，尽管不少传统厨师，对江湖菜的崛起感到不可思议，对传统川菜受冷遇感到有些失落。但他们也明白，这帮喜欢江湖菜的人的口味，将决定重庆菜看今后发展的走向。这帮人吃惯了重庆菜，离开重庆，哪怕就是到成都吃川菜，也会发现两者之间味道差别很大，肯定会认为其他地方的川菜都不如重庆菜好吃。

认识到这点，对江湖菜的排斥就逐渐降低，因为他们也明白，江湖菜，实际是在为重庆菜扬名，为重庆菜正名。而且经过这么几十年发展，两者已经互相融合，互相影响，互相受惠。严格来说，已经没有江湖菜与传统川菜之争了，他们都是重庆菜的重要组成部分。

本书作者之一、特级厨师朱国荣曾与本文另一作者卢郎提到，他的老师徐德章曾说过：别去分什么江湖菜传统菜，客人愿意吃的，都是好菜！

徐德章是重庆厨界大师，1960年在北京举办的全国烹饪技术操作表演中，赢得五个单项第一名，1978年经四川省人民政府批准评定为特级厨师，多次参加《重庆菜谱》《四川菜谱》和《川菜烹饪学》教材的编写工作。这样的大师不仅不排斥江湖菜，而且还自创了一道"江湖菜"，本书亦将其收录书中，并冠名为"师爷腊肉"。

卢郎也曾同朱国荣、王志忠（特级厨师）探讨过此事。两人于20世纪90年代开始，一直在重庆、北京、大庆、内蒙古等省市打拼。在打拼岁月里，根本没有传统川菜、江湖菜的概念，两人都认为，顾客是上帝，厨师就应该是圣诞老人，上帝要吃什么，圣诞老人就要满足他，管它什么辣子系列、酸菜系列、泡椒系列，做出来的都是重庆菜或重庆川菜。而且，就算没有江湖菜，"上帝"的口味变了，"圣诞老人"就应该变。"皮扎丝"以前是清爽为主，现在顺应潮流，加入青、红辣椒细丝，清爽中些许微辣，如同小精灵一般，在唇舌间上下蹿跳，有了复合味，显得回味悠长。传统川菜中的"口袋豆腐"，是一款口味婉约的菜肴，在面对不同的客人时，完全可以加一小勺滚油烫过的青红辣椒颗粒。传统川菜中的高档菜肴鱼翅，针对不同的客人，撒一些跳水仔姜丝，在阴柔婉约中，增添了阳气浩荡之味！

两位特级厨师对江湖菜的理解、剖析，其实就是重庆菜发展的方向。

近些年重庆菜肴发展很快，在味型上，已经有别于传统川菜，更受现代人喜爱，特别是外地人，普遍认为重庆菜与四川菜相比，重庆菜更鲜亮一些，味更醇厚一些，所以喜欢重庆菜。

这就是重庆菜与四川菜的区别！

具体来说，重庆菜与四川菜的区别是：同根生，花有异。同根生，是指川菜的24种味型，重庆菜也有，而且是根基；花有异，是指传统川菜讲究"清鲜醇浓并重，麻辣辛香巧用"，它注重的是"并"和"巧"，其味婉约飘逸。而重庆菜，这些年与江湖菜互相融合，各自都吸取了对方精髓，巧用挪移24种味型，已形成有别于传统川菜的新味型：麻辣味醇厚，不燥；鲜香味浓郁，不辛，其味厚重悠长。

一家之言，不足道哉。

目 录

第四篇 江湖余韵

江湖菜，从最早在重庆兴起，距今已有几十年了。几十年来，江湖菜如同烹饪精灵，在渗透各式菜肴之际，时不时迸出一朵火花，或水煮，或干锅，或麻淋辣浇，始终高扬起创新大旗，不断地挑逗着人们的味觉。

第一篇

江河鳞甲

番茄水晶鱼

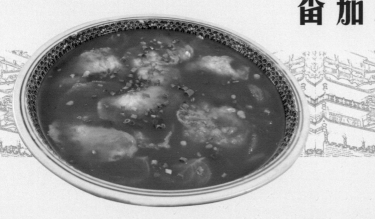

 制 作 方 法

1. 鱼肉切片，捶打成鱼排（捶打时洒上少许干淀粉）待用。2. 番茄切片；青、红小米辣椒切节。3. 炒锅置火上，放入化猪油烧至六成热，下青、红小米辣椒，炒出香味后，捞去料渣，下番茄片，炒转后下鲜汤、番茄酱，沸后下鱼排、盐、味精、鸡精，鱼排断生起锅，撒上小葱花即成。

成菜特点： 滑嫩爽口，味醇汤鲜。

注意事项： 捶打鱼排时，干淀粉不可过多，也不可用力过大，以防鱼肉纤维被捶断。

烹制方法： 煮

 菜

 品

介

绍

　　"靠山吃山，靠水吃水"，古人这话，诚不欺人。"饭江湖"靠近长江，挨着朝天门，转角就是嘉陵江。地处两江，怎能无鱼呢？但鱼如何烹饪，则要讲究了。现今各个餐厅、饭馆，对鱼的烹饪可说"机关算尽"，无所不用其极，只差唐人盛行的"鱼烩"，即生吃鱼片鱼丝了。

　　特级厨师朱国荣，在"饭江湖"掌厨，指导烹饪了一道菜肴，可说是穷尽心思的鱼肴奇品。用西式制作方式将鱼肉捶成鱼排后，改用中式烹饪手法，汤红艳，鱼雪白，微辣酸鲜，可称江湖菜佳品。

 材 料

主料： 净鱼肉 350 克　　**辅料：** 番茄 100 克
调料： 番茄酱 35 克　青、红小米辣椒 20 克　小葱 5 克　精盐 5 克　干淀粉 15 克　味精 10 克　鸡精 5 克　鲜汤 750 克　化猪油 50 克

泡椒童子鱼

1. 小黄辣丁宰杀，去内脏洗净，用精盐、姜片、料酒码味10分钟；老豆腐切成条。2. 锅置旺火上，掺混合油烧至七成热，把小黄辣丁放入炸紧皮起锅。3. 锅内掺少量油，下泡辣椒末、泡姜米、大蒜片熬炒至出色出味，掺鲜汤、胡椒粉、味精、鸡精、白糖、醋烧开，然后放入小黄辣丁、料酒、老豆腐条烧开，待黄辣丁入味，撒上小葱节起锅即成。

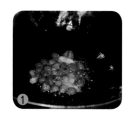

成菜特点：酸辣柔和，香爽适口。

注意事项：1. 炸小黄辣丁时，油温要掌握好。2. 勾芡要薄，二流芡即可。

烹制方法：炒、煮

主料：小黄辣丁500克　**辅料**：老豆腐200克
调料：精盐5克　姜片35克　泡辣椒末50克　泡姜米30克　大蒜片15克　小葱节10克　料酒25克　胡椒粉2克　味精10克　鸡精5克　白糖2克　醋5克　水淀粉5克　鲜汤500克　混合油1000克（实耗约100克）

江湖过水鱼

制 作 方 法

　　1. 草鱼治净，剖玫瑰花刀待用。2. 炒锅置火上，放入清水，下老姜片、料酒、精盐，烧沸后下草鱼、大葱节，沸后离火，将草鱼浸泡在锅里约 1 分钟，捞起沥干水分，放入盘中。3. 另锅置火上，放入色拉油烧至七成热，下鲜青辣椒末，炒香后下香油、胡椒粉、味精、鸡精，起锅淋在鱼身上，撒上葱花即成。

成菜特点： 清香鲜嫩，辣汁本味。

注意事项： 烫鱼的水，烧沸后即关火，再下鱼，浸泡时间要掌握好，长了，鱼肉老绵，短了，则生。

烹制方法： 汆、浇

材 料

主料：草鱼 1000 克　　辅料：鲜青辣椒末 200 克
调料：泡姜米 50 克　蒜米 25 克　老姜片 20 克　精盐 5 克　料酒 30 克　味精 15 克　鸡精 10 克　胡椒粉 2 克　小葱花 5 克　香油 5 克　色拉油 75 克

1

2

3

4

水煮鱼

1. 草鱼宰杀治净，去头、去骨，鱼肉切成片；鸡蛋清下干细淀粉调匀成蛋清淀粉；黄豆芽洗净，干红辣椒切成节。
2. 鱼片用姜片、葱节、料酒、精盐腌渍10分钟，然后用蛋清淀粉上浆。3. 锅置旺火上，掺少量混合油烧至七成热，下黄豆芽加少量精盐爆炒断生，起锅盛于盆内打底。4. 锅洗净再置旺火上，掺油烧至六成热，下姜片、葱节爆出香味，掺入清汤烧开，加料酒、精盐、胡椒粉、鸡精、味精调味，然后放入鱼片煮至八成熟，起锅装入盆内，撒上蒜米。5. 锅再置旺火上，下猪油烧至七成热，投入干红辣椒炸至棕红色，然后下干花椒粒出香，起锅淋在鱼片上即可上桌。

成菜特点: 咸鲜香辣，鱼肉脆嫩。

注意事项: 1. 鱼片煮至八九成熟，才有那特有的鲜香脆嫩味道。2. 炼干红辣椒和花椒粒时，油温要掌握好，过低，激不出鱼片的鲜香味，过高，辣椒花椒色变有煳味，淋在鱼片上，其味会大打折扣。

烹制方法: 煮

材料

主料: 草鱼1200克　辅料: 黄豆芽300克　调料: 干红辣椒30克　干花椒粒15克　姜片10克　大葱节20克　蒜米10克　料酒25克　鸡蛋清1个　干细淀粉50克　混合油150克　猪油50克　精盐、味精、鸡精、胡椒粉各适量。

酸菜鱼

制 作 方 法

1. 草鱼宰杀治净，去头，鱼骨剁成块，鱼肉片成片；鱼片用精盐、姜片、大葱节、料酒码味 15 分钟，用干细淀粉拌匀；酸菜切成片。2. 锅置于旺火上，放猪油烧至六成热，下大蒜进行"飙油"；再下酸菜炒干水汽；掺清水，烧开；放入料酒、精盐、味精、胡椒粉熬出味；放鱼头、鱼骨，煮入味后捞起盛入盆内。3. 等鱼汤烧开，把鱼片抖散放入；当鱼片刚刚"伸板"，立即用漏瓢舀入盆内；撒上花椒粉、味精、葱花。4. 锅内放入猪油，下泡红辣椒末、蒜米煸炒出香味；待油温达到六成热，泡红辣椒末泛出白色，香味溢出时，起锅将油倒在鱼片上，使油脂薄薄地封住鱼汤。

成菜特点： 鱼肉细嫩，泡菜醇香。

注意事项： 酸菜鱼可用草鱼，也可根据食客的需要用花鲢、鲶鱼制作。

烹制方法： 滑、煮、浇

材 料

主料：草鱼 1000 克　辅料：酸菜 250 克　调料：泡红辣椒末 25 克　大蒜 15 克　蒜米 25 克　姜片 25 克　葱花 10 克　大葱节 50 克　花椒粉 10 克　料酒 25 克　精盐、胡椒粉、味精、干细淀粉各适量　猪油 150 克

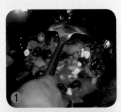
①

②

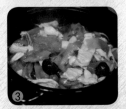
③

④

韭香乌鱼片

1. 乌鱼净肉用刀斜片成大片，用精盐，料酒腌渍10分钟捞出，用干净毛巾揩干水分，撒上干细豆粉。泡青菜、泡姜切成片，青、红小米辣切成粒，韭菜切成花。2. 炒锅下猪油烧至六成热，下泡青菜、泡姜片煸炒出香味，再下黄番茄酱炒至油呈黄色，掺入鲜汤，待汤烧沸后下精盐、鸡精，然后把鱼片抖散下锅，待鱼片刚熟，下小米辣粒、韭菜花起锅。

成菜特点： 鱼片洁白细嫩，韭菜清香。

注意事项： 淀粉要撒均匀，切忌成团。

烹制方法： 煮

主料：乌鱼肉500克　　辅料：金针菇150克　韭菜100克　　调料：青、红小米辣各15克　泡青菜100克　泡姜25克　黄番茄酱25克　料酒25克　精盐5克　味精5克　猪油150克　鲜汤1000克

乌鱼是一种常见的食用鱼，个体大、生长快、经济价值高。乌鱼骨刺少，含肉率高，比鸡肉、牛肉所含的蛋白质高，具有丰富的营养成分。

春天的韭菜，茎如白玉，叶似翡翠。香味十分浓郁。韭菜是最具本色本味的蔬菜，与其他食材搭配，取其香，更取其味。

韭香乌鱼，鱼片洁白细嫩，韭菜翠绿清香，汤汁黄红，微微熏染的泡菜的乳酸味，更能把韭菜的温柔之香，衬托得温婉妩媚。

巫溪烤鱼

制 作 方 法

菜 品 介 绍

巫溪烤鱼发源于大宁河边，距今已有两千余年历史。当年纤夫们沿河拉船时，常将河中之鱼以木材烤制后充饥。某天，一纤夫将随身携带的咸菜、豆豉加入鱼中，一边烤一边吃，味道鲜美无比。于是船工、纤夫纷纷仿效，此后，烤鱼加油汁加辅料的方法广为流传。加上巫溪以前是产盐地，保存鱼又需要盐，这就为随时吃烤鱼提供了条件。直到现在，巫溪的很多烤鱼店铺依旧设置于河边。

传统烤鱼是把鱼直接放到炭火上烤制，边烤边加味，熟而食之。巫溪烤鱼在流传过程中，融合腌、烤、煮三种烹饪工艺技术，充分借鉴传统川菜及重庆火锅用料特点。它的吃法类似吃火锅，甚至比吃火锅还要过瘾。现在巫溪烤鱼已经发展出泡椒味、香辣味、葱香味、双椒味、花椒味、豆豉味、酸菜味、麻辣味等等。

1. 草鱼去鱼鳞、鳃，内脏治净，在鱼体上切"一"字花刀，然后从鱼的背部劈开成腹部相连的两片。用精盐、料酒、姜片码味腌渍15分钟。 2. 把芫荽头、芹菜梗、洋葱丝铺在专用煮盘中待用。3. 把鱼用专用铁架（夹）夹好，在木炭火上烧烤，边烤边刷香油边撒香料边翻动，直到烤至鱼的两面金黄，下架放在煮盘中。4. 炒锅置旺火上，放混合油烧至六成热，下豆瓣末、姜蒜末、干花椒炒至出色出味，下泡萝卜粒、泡红辣椒炒转，掺鲜汤熬出味，起锅倒在烤鱼上，再放大葱节、鲜青花椒。最后浇上七成油温的热油，撒芫荽节。5. 把煮盘架在木炭火盆上上桌。

成菜特点： 外皮香脆、肉质软嫩、色泽金黄、味道鲜美。

注意事项： 烤制鱼时，切忌烤煳烤焦。

烹制方法： 烤、煮

材 料

主料：草鱼800克 调料：泡萝卜粒25克 泡红辣椒50克 姜片10克 姜末15克 郫县豆瓣末15克 大蒜末15克 大葱节50克 干花椒5克 鲜青花椒10克 芫荽头25克 芫荽节10克 芹菜梗15克 洋葱丝15克 精盐5克 味精3克 香料15克 香油25克 料酒15克 混合油100克

码头豆腐鱼

制 作 方 法

1. 鲶鱼治净，片下鱼肉切成条，同大葱（切段）、料酒、老姜（切片）拌匀码味。鱼骨架另用。2. 老豆腐切条，入沸水中汆一水待用，泡姜切片，小葱切葱花。3. 炒锅置火上，放入混合油烧至五成热，下泡青辣椒、泡红辣椒、泡姜，炼至出色出香后，下红油、胡椒粉、料酒、精盐，加鲜汤，下鱼骨架熬汤。4. 汤熬制好后，捞出鱼骨架入盆垫底，下鱼条、豆腐，熟后入盆，撒上小葱花即成。

成菜特点： 汤鲜肉嫩，提神醒脑。

注意事项： 鱼骨架可以多熬一阵，增加汤汁鲜味，鱼肉则不可久煮，所谓"过水"，意指煮熟即吃。

烹制方法： 汆、煮

材 料

主料：鲶鱼1条（约1000克）　辅料：老豆腐200克　调料：泡红辣椒50克 泡青辣椒30克 泡姜30克 红油10克 老姜15克 鲜汤1000克 混合油50克 大葱、料酒、精盐、胡椒粉、味精、鸡精、小葱各适量

菜 品 介 绍

重庆饮食行业有一个有趣的现象：江河湖边的食船、餐厅，肯定是以鱼类等水产菜品为主；山上的餐馆，一定是以禽类菜肴为多；农家乐多以乡野民俗菜品挑大梁；大街小巷星罗棋布的大小餐馆，则是百花齐放；高档餐厅，不受食材限制，多以精品出现。没有人刻意去规范，各自成一派。

码头文化下的饮食也自有其特色：快捷、便利、味大。

码头豆腐鱼，就是为在码头忙碌之人特制的菜品，浓浓的泡辣椒味，让劳作的人闻之提神，食之开胃消疲；而煮熟即吃的鱼肉，鲜嫩爽口。食客快速吃完，精神焕发，匆匆又去讨生活了。

铁板鸳鸯鱼

1. 净鱿鱼改刀成麦穗花刀，沸水中汆5分钟捞出沥干。放在六成热油温锅中，过油出锅沥油。锅中留少量油，下姜片、辣椒节炝炒出香味，下鱿鱼卷，加鲜青花椒、精盐、味精、鸡精、胡椒粉码好味，勾二流芡起锅装碗。2. 耗儿鱼治净，用姜片、葱节、精盐、料酒腌渍15分钟。入油锅炸至表面金黄起锅。锅中留油下姜、蒜粒炒出香味，掺鲜汤烧开，下味精、耗儿鱼烧至滋汁红亮起锅待用。3. 铁板放在炉火上烧热，中间用菜蔬隔成两部分，一边放洋葱，一边放芫荽，然后把鱿鱼卷倒在洋葱上（加葱节）；把耗儿鱼摆在芫荽上（加葱花）。盖上铁板盖上桌。

成菜特点： 双色双味，脆爽酥香。

注意事项： 鱿鱼勾芡切不可过浓。耗儿鱼炸制时，掌控好油温，不可炸焦煳。

烹制方法： 汆、炸

二流芡指芡汁呈半流体，用在汤汁不太多的烧制类菜肴。成菜后肴上沾满芡汁，盘内也有汁水，吃起来柔软滑嫩。

菜品介绍

鸳鸯，本为鸟名，后在人们的心目中成为永恒爱情的象征，是相亲相爱、成双入对的表率。饮食行业借此吉祥意义，把料成双、味成双、色成双、馅成双、形成双的菜品冠以"鸳鸯"，如：鸳鸯海参、鸳鸯酥等等。

铁板鸳鸯鱼，是把经火爆成菜的鲜鱿鱼和干烧成菜的耗儿鱼同置于烧烫的铁板上，进行二次烹饪，成菜双色双味，散发出阵阵浓香，让人难拒它的诱惑。

材　料

主料：鲜鱿鱼250克 耗儿鱼250克　调料：干红辣椒节10克 青鲜花椒5克 葱节50克 姜片15克 料酒50克 色拉油250克 姜粒、蒜粒、小葱花、精盐、味精、鸡精、胡椒粉、鲜汤、洋葱、芫荽各适量

豆花鱼

制作方法

1. 鲶鱼宰杀治净，鱼头、鱼骨另用，鱼肉切成片，下盐、料酒、姜片、葱节码味约15分钟。然后用干细淀粉上浆。2. 豆花下锅煮烫盛在盆内待用。3. 锅置旺火上，掺混合油烧至七成热，把鱼片下锅，断生即捞出。4. 锅再掺混合油，烧至五成热，下郫县豆瓣、泡红辣椒、姜米、蒜米，炒至出色出味，掺鲜汤烧开，下精盐、味精、鸡精、料酒，熬出味，下鱼片、葱节，烧开起锅，倒在豆花上，撒上油酥黄豆、榨菜粒。5. 锅中放猪油，烧至五成热，下干红辣椒节、花椒，然后连油带辣椒、花椒淋在鱼片上即成。

成菜特点： 麻辣味厚、脆嫩鲜香；豆花绵扎，黄豆酥香。

注意事项： 鱼片下锅油温要控制好，断生即可。

烹制方法： 炸、烧

主料：鲶鱼 1000 克　辅料：河水豆花 500 克
调料：郫县豆瓣 100 克　泡红辣椒 100 克　姜片 20 克　姜米 20 克　蒜米 20 克　榨菜粒 50 克　油酥黄豆 50 克　葱节 50 克　干红辣椒节 25 克　花椒 20 克　精盐、味精、鸡精、料酒、鲜汤、干细淀粉各适量　混合油 200 克　猪油 50 克

 菜
 品
 介
 绍

旧时，长江、嘉陵江上常能见到打鱼的小舟，如同树叶一般，与映衬于江上的吊脚楼一起，宛如一幅水墨山水画，是为重庆一景。渔舟上的渔民，捕到的鱼大的出售，小的自己食用。渔民吃鱼，无拘无束，管它江团、鲶鱼、参子鱼，治理干净后，舀一瓢江水入锅，煮好就吃。有时岸傍有小镇，换换口味，端回两碗河水豆花，索性混着蘸料同鱼一同下锅煮。鱼鲜裹着豆花香，只觉得好吃，爽口，吞饭香。后来有心人将此菜移植过来，且举一反三，将魔芋、血旺、芋儿、冬瓜条、茄条、丝瓜条等，凡能入味的菜肴，都加入同鱼烹饪，更加丰富了此菜的多样性，食之常能给人如沐春风的感觉。

鸳鸯豆花鱼

制 作 方 法

1. 鱼宰杀治净，去鱼头鱼骨另用，鱼肉斜刀成片，下盐、料酒、姜片、干花椒粒、葱节码味约 10 分钟。2. 炒锅置火上，放入少许混合油烧至六成热，下鲜青辣椒细末，炼油后成青辣椒味汁，盛于碗内待用。3. 炒锅再置火上，放入少许混合油烧至六成热，下郫县豆瓣细末，炼油后盛于碗内，成红油味汁，盛于碗内待用。4. 姜米、蒜米、味精均匀地撒入两个味汁碗内。5. 豆花用鲜汤煨入味，分盛于盘的两端，中间用吉庆隔断。6. 从鱼片中拣去姜、葱、干花椒粒，均匀地码上干细淀粉。7. 炒锅下油烧至六成热，鱼片逐片均匀下锅，用抄瓢推散，断生即捞出，分别盖在豆花上面，撒上油酥黄豆、葱花。8. 将味汁分别浇在鱼片上面，或随盘上桌即可。

成菜特点：脆嫩鲜香、麻辣味厚。

注意事项：鱼片下油锅滑，火候一定掌控好。

烹制方法：滑、浇

菜 品 介 绍

传统川菜有一款鸡豆花：将鸡肉剁细成蓉状，蒸熟泼料而食，因形似豆花而成一名馔。重庆两江上的食船坊，或许是受此启发，或许是受渔民吃鱼时一锅烩的影响，开发出豆花鱼，即豆花与鱼同烹，两菜合一，成就了一款新美食。

但豆花鱼大多以火锅用料打底，最后浇上油炼的辣椒、花椒调味，麻辣味较重，使一些惧麻辣，但又想吃豆花鱼的人，望而却步。

鸳鸯豆花鱼的开发，解决了这一难题，鱼片婉约晶莹，青、红两种调料随菜上桌，一样鱼片，两种口味，红椒香辣燥热，青椒鲜辣回甘，随意添加，古拙豪爽，快意洒脱。

材 料

主料：草鱼 1500 克 **辅料**：河水豆花 500 克 **调料**：郫县豆瓣细末 100 克 鲜青辣椒细末 100 克 姜片 20 克 姜米 20 克 蒜米 20 克 油酥黄豆 50 克 葱花、葱节、干花椒粒、精盐、味精、料酒、干细淀粉各适量 混合油 500 克（实耗约 50 克）

沸腾鱼

制 作 方 法

1. 锅置中火上，掺混合油烧至六成热，下干红辣椒节炸至棕红色，下郫县豆瓣炒至油色红亮，改用小火，下花椒（15克）、老姜片、洋葱片、芹菜节、胡萝卜片浸炸出香味，离火放置24小时后滤去料渣，取油待用。2. 草鱼肉切成片，用葡萄酒、精盐、味精码味约10分钟，然后用蛋清淀粉上浆。黄豆芽洗净。黄瓜去皮，切成长片。3. 锅置旺火上，加油少许，下黄豆芽加精盐、味精、鸡精、胡椒粉煸炒至断生。4. 起锅放在用开水烫热的瓦钵中，掺鲜汤。黄瓜片用少许精盐稍码。放在黄豆芽上面，最后把生鱼片放入，撒上葱节。5. 锅置旺火上，放入麻辣油（步骤1所制），烧至六成热，投入剩余的干红辣椒节、花椒炸香，起锅淋在鱼片上面，撒上香菜节，即成。

成菜特点: 鱼肉质地滑爽细嫩，黄豆芽清香。

注意事项: 也可整鱼制作，剞花刀鱼片。

烹制方法: 烫

材 料

主料: 草鱼肉750克　　辅料: 黄豆芽100克　黄瓜100克　　调料: 混合油500克 干红辣椒节100克　花椒粒25克 老姜片50克 洋葱片150克 芹菜节150克 胡萝卜片150克 葱节25克 郫县豆瓣100克 精盐、味精、鸡精、胡椒粉、香菜节、葡萄酒、蛋清淀粉、鲜汤各适量

乌江鱼

1. 鲶鱼宰杀去内脏洗净，改成块。用料酒、姜片、精盐码味，然后用鸡蛋清码匀，干细淀粉上浆。放在开水锅中汆一下。2. 锅置旺火上，掺混合油烧至六成热，下红辣椒酱、郫县豆瓣末、老姜、花椒、大蒜焖炒出色出味，加鲜汤烧开，下味精、胡椒粉、精盐、料酒、醪糟汁、冰糖，熬制成滋汁，加大葱节，转入火锅内。3. 把鱼块放在熬制成的滋汁内，煮熟撒上小葱花上桌。4. 配蘸味碟。鱼块吃完后，再点火，煮烫随配菜。

成菜特点：色味俱佳，麻辣鲜香，滑爽细腻。

注意事项：蘸味碟可直接舀锅里的汤汁，原汁原味，更为鲜美。

烹制方法：汆、煮

菜品介绍

据说"乌江鱼"，原是贵州地方风味菜，原菜要用干油碟，再加入油酥花生碎、熟白芝麻等，属香辣型。经乌江岸边的涪陵传入重庆后，重庆厨师结合重庆人喜食火锅、喜好麻辣鲜香这一特点，加以改造，弃用干油碟，改为火锅形式烹饪，使得成菜具有"滑、嫩、鲜、香、麻、辣"的特点，成为重庆的一道名菜。且本菜打破以前以鲢鱼、草鱼为原料的惯例，改为以鲶鱼为原料，辅以茂汶花椒、泸州二荆条辣椒和醪糟汁、味精、鸡精等十多种调料烹制。

主料：鲶鱼 1500 克　**调料：**郫县豆瓣末 50 克 红辣椒酱 25 克 醪糟汁 50 克 花椒 15 克 老姜 25 克 大蒜 50 克 大葱节 50 克 小葱花 25 克 姜片、冰糖、精盐、胡椒粉、味精、料酒、干细淀粉、鲜汤各适量 混合油 150 克 鸡蛋 2 个

豆豉蒸鲶鱼

1. 泡红辣椒剁成细末，泡姜切末，老姜切米，大葱切段，小葱切花。2. 芋头治净，切成滚刀块，在沸水里氽一水，放入有荷叶的蒸碗上垫底。3. 鲶鱼治净，两侧剞花刀，用料酒、精盐、胡椒粉、姜米、大葱段码味10分钟，然后拣去葱段。鱼身两面用菜籽油抹匀，摆在芋头上面。4. 炒锅置火上，放入化猪油烧至六成热，下泡红辣椒末、豆豉、泡姜末，在锅中炒酥，起锅后放在鱼身上。撒上白糖、味精，将蒸碗放入蒸笼中，旺火蒸15分钟，出笼撒上葱花即成。

成菜特点： 豉香浓郁，鱼肉鲜酥。

注意事项： 用生菜籽油抹鱼身，才有原始清香味。

烹制方法： 蒸

主料：鲶鱼1条（约1500克）　辅料：豆豉100克　芋头150克　调料：泡红辣椒35克　泡姜30克　老姜15克　大葱25克　小葱15克　料酒25克　精盐3克　味精10克　胡椒粉3克　白糖5克　化猪油50克　菜籽油30克　荷叶1张

鲶鱼又称作胡子鲢，多栖息在江河、湖泊、水库的水草丛生、水流缓慢的底层，为肉食性底栖鱼类。

我国豆制品有四大发明：豆浆、豆腐、豆豉、豆芽。汉代刘熙《饮食》一书，誉豆豉为"五味调和，需之而成"。古人不但把豆豉用于调味，而且用于入药。台湾同胞称豆豉为"荫豉"，日本人称豆豉为"纳豉"，东南亚各国也普遍食用豆豉。

豆豉的鲜香味，与鲶鱼的鲜香味十分接近，差异是鲶鱼的鲜香味里有糯糯的滋润感，豆豉的鲜香味则是酥韧的感觉，细心的江湖菜厨师把握准脉络，将两者合烹，且采用不破坏原味的蒸法，使两者的鲜香味闷积在食材内，格外鲜香酥爽。

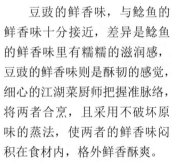

香辣大蒜鲶鱼

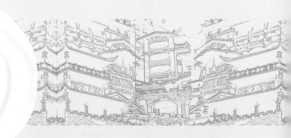

  **制 作 方 法**

1. 鲶鱼肉切条，同少许盐、料酒、大葱节、老姜（拍破）拌匀码味。2. 郫县豆瓣剁细。干红辣椒切节，老姜切片，小葱切花。3. 炒锅置火上，放入菜籽油烧至七成热，下鲶鱼条，滑至散籽捞出沥油。再下大蒜，炸至色黄捞出待用。4. 锅留底油，烧至五成热，下郫县豆瓣、老干妈、姜片、大葱节，炒至色红油亮，下200克高汤，熬炼出味后，捞去料渣，下鲶鱼条、大蒜、红油，大火烧开后，小火煨靠，收汁后下味精、鸡精，盛入盘内。5. 锅留底油，烧至六成热，下干红辣椒节，炸至辣椒变色，连辣椒带油，浇在盘内，撒上小葱花即成。

成菜特点： 鱼肉鲜嫩，香辣蒜香味浓。

注意事项： 鱼肉下锅油温不可过高，断生即可。

烹制方法： 炸、烧

 菜 品 介 绍

大蒜是外来菜，汉朝时从西域传入，现已成为国人离不了的调味品。大蒜中的大蒜素，不仅能杀菌，还具有抗癌功效。但大蒜素很娇气，遇热会很快失去作用，所以大蒜适宜生食。

巴渝地区的人，古时是很喜欢食蒜的，而且都是生吃。南宋诗人范成大被朝廷任命为成都"安抚制置使"，赴任路上，写诗戏题道："巴蜀人好食生蒜，臭不可近……今来蜀道，又为食蒜者所熏。"

至少，重庆人仍保持了这种优良传统，大蒜烹饪的菜肴比比皆是。

大蒜烧鲶鱼，选用的是独蒜，个大，滑油后虽同鱼烧，但并没有熟透，其内部还有些生硬，正好保留了大蒜素的营养成分，且同鲶鱼的鲜美能更好地融合，味美而养生。

  材 料

主料： 净鲶鱼肉750克　**辅料：** 大蒜200克　**调料：** 郫县豆瓣35克 老干妈25克 干红辣椒30克 干花椒粒15克 红油10克 老姜35克 料酒、大葱节、小葱、精盐、味精、鸡精、高汤各适量　菜籽油500克（实耗约30克）

苦藠煮鲶鱼

制作方法

1. 鲶鱼宰杀治净，鱼肉片成条，用白酒码味去腥后，加精盐、干细淀粉抓匀上浆。2. 老姜切片，葱白切节，西芹洗净切块。3. 鱼头、鱼骨砍成块，用料酒、姜片、葱节码味。苦藠去老皮，洗净。4. 炒锅置火上，放入化猪油烧至六成热，下姜片、葱节煸炒出香味，然后放入鱼骨炒断生，掺入高汤烧沸，烹入料酒，拣去浮沫和姜、葱，放入苦藠，用中火炖至汤色乳白，苦藠软糯后，用抄瓢将鱼头、鱼骨、苦藠捞出盛入火锅锅内。5. 鱼汤内放入精盐、鸡精、胡椒粉、味精、葱节调好味，烧开，把鱼片放入煮熟，转入火锅锅内。

成菜特点： 汤色乳白，藠香味醇，鱼肉细嫩滑爽，鱼头软糯味鲜。

注意事项： 鱼片不可煮得过久，断生即可转入火锅锅内。

烹制方法： 煮

材料

主料：鲶鱼1250克　辅料：苦藠250克
调料：老姜25克　葱白100克　西芹50克　料酒30克　干细淀粉25克　味精、鸡精、胡椒粉、精盐、白酒各适量　高汤1500毫升　化猪油150克

菜品介绍

苦藠，是巴渝人家常用的一种既可当调料，也可作菜肴的食材。也有人将其拍破，码盐后加入辣椒、酱油、花椒、味精、麻油等调料，辛辣芥香，佐饭特别吞口。民间有苦藠炖老鸭可清热去火之说。

苦藠炖鲶鱼，最早由川维厂黄礁中转站食堂一厨师创制。他选用长江里的鲶鱼，斩成块，用姜片、料酒码味，锅里下化猪油，烧热后下苦藠爆炒，出香后，加入清水，沸后，下鱼肉块、胡椒粉，然后加盖炖至鱼熟苦藠软后，下盐、味精起锅。简单的烹饪，却鲜香异常，因而名声很大，到那儿的人，都以能享用这道苦藠炖鲶鱼为荣。此菜后经江湖菜厨师们的改良，以火锅形式推出，一鱼三吃（鱼头、鱼肉片、鱼汤），鱼肉细嫩滑爽，成菜汤色乳白，微带芥末香味，爽口诱人。

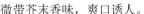

邮亭鲫鱼

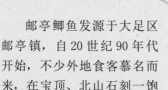制作方法

菜品介绍

邮亭鲫鱼发源于大足区邮亭镇，自20世纪90年代开始，不少外地食客慕名而来，在宝顶、北山石刻一饱眼福之后，又到邮亭鲫鱼一条街大饱口福。

后来川渝两地刮起了一股"邮亭鲫鱼"旋风，其势头之强劲令餐饮业老板始料未及。在主城区，邮亭鲫鱼之火爆超过了泉水鸡、烧鸡公等，仅储奇门滨江路一带就集中了十几家大中型的邮亭鲫鱼店。

如今，随着更多的食材涌入，邮亭鲫鱼虽不像当年店铺云集，却依然在烹饪鲫鱼上独领风骚，而且价格比其他鱼类贵了许多，俨然跻身"贵族鱼"行列，喜欢吃鲫鱼的食客，依然蜂拥而至，生意依然兴隆火爆。

1. 鲫鱼治净，剞"十"字花刀，加姜片、葱节、精盐、料酒码味。泡红辣椒、郫县豆瓣剁细，芹菜切成节。2. 锅置火上放色拉油，烧至五成热，下鲫鱼炸至金黄色起锅。3. 锅中留适量油，烧至六成热，下泡红辣椒、郫县豆瓣、辣椒粉、姜米、花椒炒至出色出味，掺鲜汤烧开，下料酒、泡萝卜熬出味。然后下炸好的鲫鱼，烧至鱼熟，下芹菜，加鸡精、胡椒粉调味。连锅端上火锅桌。4. 碎米花生、碎米榨菜、葱花，装鱼形盘味碟与锅同上，吃鱼时在味碟中舀入一勺汤汁即可。5. 鲫鱼吃完，可加荤素涮料烫食。

成菜特点：鲫鱼酥香鲜嫩，麻辣香醇味厚。

注意事项：鲫鱼火锅不可提早点火，涮其他菜时才点火。

烹制方法：煮

材料

主料：鲫鱼　辅料：芹菜250克　泡萝卜100克　调料：泡红辣椒200克　郫县豆瓣250克　姜米50克　姜片、葱节、花椒粒、辣椒粉、精盐、味精、鸡精、胡椒粉、料酒、鲜汤、碎米花生、碎米榨菜、葱花各适量　色拉油250克

鲊海椒炒鱼鳅片

 制 作 方 法

1. 鱼鳅去头、尾、内脏，剖成片，洗净；干辣椒切成1.5厘米长的节；小米辣切成粒。
2. 鱼鳅用姜片、料酒、精盐码味，然后扑上干细淀粉。3. 炒锅置旺火上，掺入色拉油烧至六成热，把鱼鳅下锅内过油，待断生后用抄瓢捞出。锅中留少量油，然后把鲊海椒下锅炒熟炒散至酥香。4. 锅再置旺火上，掺色拉油烧至六成热，下干辣椒、花椒炸至棕红色，然后速将鱼鳅入锅，烹入料酒，下姜、蒜片、鲊海椒、小米辣粒炒转起锅装碗。

成菜特点： 鱼鳅细嫩，味美鲜香。

注意事项： 鱼鳅片码干淀粉时，干淀粉不可过多，且要码均匀。

烹制方法： 炒

 材 料

主料：鱼鳅350克　辅料：鲊海椒150克
调料：干红辣椒5克 花椒15粒 精盐3克　青、红小米辣15克 料酒15克　姜片10克　蒜片7克 干细淀粉50克 色拉油150克

 菜品介绍

　　鲊海椒是巴蜀民间风味小菜，其起源于何时已无从考证。过去在乡间几乎家家户户均有制作，而且制作的鲊海椒因料、因时、因地、因人而各有各的风味。过去人们制作鲊海椒是为了"以旺养淡"，现在是寻找乐趣和调剂口味。鲊海椒适应性很广，可以单独成菜唱主角，也可以与其他荤素菜配伍当"配角"。鲊海椒在当"配角"时，米粉在烹制中会自然脱落或溶解，脱落或溶解的米粉黏附在主料上，会丰富主料的口感，使菜肴别具风味。

冻豆腐烧鱼鳅片

 制 作 方 法

菜
品
介

绍

　　冻豆腐，又叫雪豆腐，是把豆腐放在冰柜急冻箱，使其结冰，然后取出融化，再进急冻箱结冰，再取出融化，反复几次，豆腐里便产生了无数小孔。用冻豆腐烧菜时，这些小孔能像海绵一样吸收菜肴滋汁，入口鲜汁四溢，别有情趣。

　　过去，鱼鳅只能当作小菜，处于配角的地位。重庆江湖菜走红餐饮世界以后，鱼鳅菜层出不穷，鱼鳅入馔，可炒，可炸，可烧，可煮，亦可蒸，可烩，使鱼鳅菜登上了大雅之堂。

　　1. 鱼鳅片洗净，去头尾；冻豆腐切成长3厘米、宽2厘米、厚0.6厘米的片，沸水中氽一水；葱白切成马耳形；大蒜切成片；老姜15克切成片，10克切成末；泡红辣椒剁成末；圆红豆瓣剁细。

2. 鱼鳅片用姜片、料酒、精盐码味，然后扑上干细淀粉。3. 炒锅置旺火上，掺入油烧至六成热，放入鱼鳅片炸至断生起锅。锅留少量油，放入姜米、豆瓣、泡辣椒末燜出香味后掺入鲜汤熬出味。然后打去料渣，转入砂锅。4. 砂锅置中火上烧开，放入鱼鳅片、白糖、精盐、胡椒粉用小火烧至六成熟，放入冻豆腐烧入味。最后放味精、加葱节上桌。

成菜特点： 色泽红亮，鱼肉细嫩，豆腐多汁。

注意事项： 炸鱼鳅时切忌久炸，断生即起锅。

烹制方法： 烧

  材 料

主料：鱼鳅片500克　　辅料：冻豆腐250克
调料：泡红辣椒20克　圆红豆瓣25克　老姜25克
大蒜15克　葱白25克　白糖、精盐、味精、胡椒粉、料酒、干细淀粉各适量　鲜汤1000克
色拉油150克

泡菜双鳅

制作方法

1. 鱼鳅治净，剖成片，同少许料酒、老姜（拍破）、大葱（切节）、盐拌匀码味。2. 泡萝卜切片，泡青菜切节，泡姜切片，大葱切段，青、红小米辣椒切圈。3. 面团擀成 3 厘米厚，切成 15 厘米左右长的条，入沸水中汆熟，捞起作面鱼鳅待用。4. 炒锅置火上，放入混合油烧至七成热，下鱼鳅过油，断生即捞起沥油待用。5. 锅留底油，烧至六成热，下泡青辣椒、泡红辣椒、泡姜片，炼至出色，下泡萝卜、泡青菜、大葱段，炒香后加入鲜汤，熬出味后，留下泡萝卜片，其余料渣捞出，下鱼鳅片、面鱼鳅，熟后分盛于盆的两边，撒上青辣椒圈、红辣椒圈、小葱花即成。

成菜特点：酸辣适中，清爽开胃。

注意事项：面鱼鳅：面粉加鸡蛋黄揉合而成。

烹制方法：炸、煮

材料

主料：鱼鳅 350 克　　辅料：揉好的面团 500 克
调料：泡萝卜 35 克　泡青菜 35 克　泡姜 30 克
泡青辣椒、泡红辣椒共 50 克　青小米辣椒 10 克
红小米辣椒 10 克　老姜 15 克　大葱 35 克　料酒、
胡椒粉、精盐各适量　鲜汤 500 克　混合油 350 克
（实耗约 25 克）

鱼鳅，农村水田里常能见到，谁能想到，在营养学家眼里，这不起眼的小东西，竟然有"水中人参"之美誉！

传统中医认为，鱼鳅味甘，性平，有补中益气、养肾生精功效。对除湿退黄，调节性功能有较好的作用。而且它蛋白质含量高，脂肪低，能降脂降压。

鱼鳅的烹饪手法很多，传统的有鱼鳅烧豆腐、油酥鱼鳅、水煮鱼鳅等。而用面粉作成鱼鳅形，同鱼鳅一起煮，则不多见。此菜泡菜味浓，双鳅双鲜，汤汁醇厚味香。

回锅鳝片

 菜
 品
 介
 绍

传统川菜回锅肉，老少咸宜，且依此人们又开发出了回锅肉系列菜式，并以烹制回锅肉的方法，创新了不少新菜肴。

据说在南岸区海棠溪往南山的公路旁，有一鸡毛小店，店堂不大，装修简单。该店用川菜回锅肉的烹制方法，制作鳝片，打破传统，让人"味觉一新"。这种"适口者珍"的标准，正是江湖菜独有的特色。

制 作 方 法

1. 鳝鱼片洗净，切成片，用精盐、料酒码味。2. 芹菜梗切成节，泡姜、大蒜切成片，蒜苗斜切成节，泡红辣椒剁细。3. 锅置旺火上，掺混合油烧至六成热，下鳝片炒至断生呈微卷状，用抄瓢捞出待用。4. 锅内留油，放入干辣椒节炸至棕红，下圆红豆瓣、泡姜炒香，下鳝鱼片翻炒一下，烹入料酒，炝香后下红酱油、白糖，炒匀后下芹菜、蒜苗、精盐、味精、簸转起锅。

成菜特点： 鳝片色泽红亮，味浓鲜香，咸鲜微辣。

注意事项： 第一次爆炒鳝鱼片时，不可久炒，断生即可。

烹制方法： 炒

材 料

主料：鳝鱼片500克　辅料：芹菜梗100克
调料：蒜苗50克　泡红辣椒15克　干红辣椒节15克　泡姜15克　大蒜10克　圆红豆瓣15克　精盐、料酒、味精、白糖、红酱油各适量　混合油500克（实耗约100克）

袍哥鳝段

制 作 方 法

1. 鳝鱼片洗净，切成6厘米长的条片，码少许盐和料酒。2. 老姜、大蒜切成片，蒜薹切成4厘米长的节。3. 炒锅置火上，放入混合油烧至六成热，下鳝片滑至断生，用抄瓢捞出待用。4. 锅内留混合油50克，放入圆红豆瓣、泡红辣椒、泡青辣椒、姜片、鲜花椒炒香，下鳝鱼片翻炒，烹入料酒，炝香后下红酱油，炒匀后下蒜薹节、精盐、味精，簸转起锅。

成菜特点： 色泽红亮，麻辣鲜香。

注意事项： 若用土鳝鱼，其味更为鲜美。用油炼豆瓣、泡青辣椒、泡红辣椒时，油温要由低到高，才能将豆瓣、泡辣椒的味炼出来。

烹制方法： 炒

材 料

主料：鳝鱼片350克　　辅料：蒜薹50克
调料：泡红辣椒25克　泡青辣椒25克　干红辣椒15克　鲜花椒20克　老姜20克　大蒜10克　圆红豆瓣10克　精盐2克　料酒20克　味精10克　红酱油5克　混合油500克（实耗约50克）

菜品介绍

据说重庆人普及吃鳝鱼，是在湖广填四川之后。起因是一位姓王的广东人移民到了磁器口，想做水果生意，请袍哥五爷来家喝酒。那时广东，按清代徐珂《清稗类钞》所载："粤东食品，颇有异于各省者，如犬、田鼠、蛇、蜈蚣、蛤、蚧、蝉、蝗、龙虱、禾虫是也……"王氏的席上，就有炒鳝鱼片。起初王氏烹的鳝片仍带有广东风味，口感甜，让五爷颇不满意。后王氏又差家人赶紧去街上买来海椒，又加上重庆人爱吃的姜、蒜等辛辣物，特地重炒了一盘。五爷吃得头上冒汗，嘴里哈气，连称美味。不用说王氏的生意自然是做起了，而鳝片的美味之名也传开了。

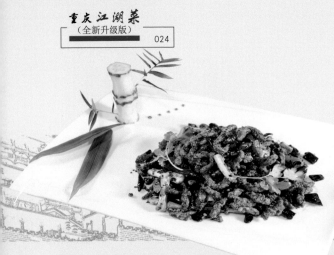

煳辣脆鳝

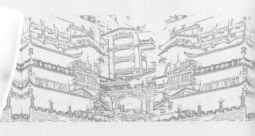

制 作 方 法

1. 鳝鱼条洗净，沥干，切成5厘米长的鳝段，用盐2克码味，扑上干淀粉，再用蛋豆粉码匀。

2. 姜、蒜切成指甲片大小，干辣椒切成3厘米的节，葱切成马耳朵形。3. 白糖、醋、酱油、盐、味精、水淀粉加鲜汤兑成滋汁待用。4. 炒锅置旺火上，倒入混合油烧至五成热，下鳝段炸至金黄色，用抄瓢捞起，锅中留油50克，放入干辣椒节，炒至油呈棕红色，下花椒煸香，放入鳝段，下辣椒粉炒上色，烹入料酒，下姜、蒜、葱炒匀后，烹入滋汁即成。

成菜特点：色泽棕红，外酥内嫩，酸甜咸鲜，带煳辣香味。

注意事项：干红辣椒节可略炒焦一些，其味才体现出来。

烹制方法：炸、炒

菜 品 介 绍

重庆乡人有句俗语：好吃不过火烧鳝鱼。意思是说在乡间，每到出鳝鱼的季节，孩子们抓住鳝鱼后，用荷叶等将鳝鱼包住，在火中烤来吃，味道鲜不可言。煳辣脆鳝，就是从农家小孩火烧鳝鱼，联想到油炙烧烤而烹的一道创新菜。

  材 料

主料：剖鳝鱼条300克　　调料：干红辣椒25克　干花椒粒10克　蛋豆粉100克　葱30克　辣椒粉、姜、蒜、精盐、糖、醋、味精、料酒、干淀粉、水淀粉、酱油各适量　混合油1000克（实耗约100克）

鳝段粉丝煲

制作方法

1. 鳝鱼洗净，沥干水分待用。龙口粉丝用温水泡发。2. 郫县豆瓣、圆红豆瓣剁成末，干红辣椒切成节，青、红小米辣切成圈，泡萝卜切成片，老姜切片，大葱绾结。3. 炒锅置火上，放入混合油烧至五成热，下郫县豆瓣、圆红豆瓣、干红辣椒、干花椒粒、姜片、泡萝卜片，炒香后下鲜汤，放入大葱结，熬出味后，滤去料渣，下红醋、鳝鱼段、胡椒粉、精盐、味精、鸡精，沸后捞起鳝鱼段，下泡发好的龙口粉丝，熟后盛入盆，将鳝鱼段盖在上面，撒上青、红小米辣圈。4. 炒锅置火上，放入色拉油、红油，烧至七成热，浇在鳝鱼段上即成。

成菜特点： 鳝鱼柔嫩，酸辣鲜香。

注意事项： 粉丝一定要泡透，否则影响口感。

烹制方法： 煮、浇

材料

主料：鳝鱼段 500 克　　辅料：龙口粉丝 150 克
调料：郫县豆瓣 50 克　圆红豆瓣 30 克　干红辣椒 25 克　干花椒粒 10 克　红油 15 克　青、红小米辣 15 克　老姜 20 克　泡萝卜 30 克　大葱 30 克　红醋、胡椒粉、精盐、味精、鸡精、料酒各适量　鲜汤 750 克　色拉油 20 克　混合油 75 克

菜品介绍

现今，鳝鱼已成为席上佳肴。据《本草纲目》记载，鳝鱼肉性味甘、温，有补中益血、补肝肾、强筋骨、祛风湿、治虚损之功效。可见，常吃鳝鱼有很强的补益功能。

以前民间烹饪鳝鱼，大多是青红辣椒加姜片爆炒，间或也加些泡姜泡辣椒，热辣辣的勾人食欲。现今鳝鱼烹饪的方法多了，而鳝段粉丝煲，是火锅的演绎，以鳝鱼的柔脆，搭配粉丝的绵韧，灌以红亮鲜香的汤汁，让人胃口大开，酒兴大增。

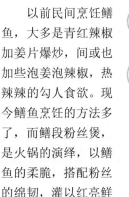

泡椒鱼肚

菜品介绍

过去没有鲜鱼肚，都是干货，烹饪鱼肚菜肴是很麻烦的。以干鳇鱼肚为例，必须先将鳇鱼肚用温油浸泡，鱼肚发软后，切块后用温水浸泡透心，用温油炸制，再用开水数遍闷发，待鱼肚色泽乳白、质地软柔透心时，改刀再用高汤、姜、葱、盐、味精、白胡椒粉喂数遍，进味后，才开始烹饪。鱼肚不易进味，江湖菜厨师就用泡辣椒、泡姜等作调料，并加大用料，再勾点薄芡，让味汁挂在鱼肚上，无须浸泡"喂味"，也能入味。

制作方法

1. 泡姜切片，老姜切丝，西芹切节，大葱切节。2. 鲜鱼肚洗净，同精盐、老姜丝、少许料酒拌匀码味后，拣出姜丝，入沸水中氽一水，沥干水分待用。3. 炒锅置火上，放入混合油烧至六成热，下泡青辣椒、泡红辣椒、泡姜片、泡辣椒酱，炒出香味后，下鱼肚、料酒、鲜汤，烧入味后，下西芹节、大葱节、味精、鸡精，勾薄芡起锅即成。

成菜特点：酸辣脆糯，鲜香宜人。

注意事项：1. 鱼肚氽水主要是去腥，时间不可过久。2. 也可用啤酒作鲜汤，其味更妙。

烹制方法：氽、烧

材料

主料：鲜鱼肚 300 克　　辅料：西芹 50 克
调料：泡青辣椒 50 克　泡红辣椒 50 克　泡姜 35 克　老姜 15 克　泡辣椒酱 20 克　大葱 20 克　精盐 3 克　味精 10 克　鸡精 5 克　料酒 35 克　水淀粉 20 克　鲜汤 500 克　混合油 50 克

双椒芝麻虾排

制　作　方　法

1. 基围虾去壳捶蓉成虾排状，同少许料酒、大葱（切碎）、老姜（拍破）、盐拌匀码味。2. 青、红辣椒切节，仔姜切片，大蒜切片，小葱切节。3. 炒锅置火上，放入色拉油烧至七成热，虾排拍去葱渣，挂芡沾上白芝麻入锅，炸至色泽微黄，滗去油，锅留底油，下青辣椒、红辣椒、鲜花椒、仔姜片、大蒜片，炒至出香味，下料酒、盐、味精、鸡精，小葱节，炒匀起锅即成。

成菜特点： 虾排外焦里酥，辣椒鲜香味浓。

注意事项： 控制好油温，切记不要炸煳。水淀粉里也可加鸡蛋清或蛋黄。

烹制方法： 炸、炒

材　料

主料：基围虾 350 克　　辅料：青、红辣椒 100 克
调料：鲜花椒 15 克　白芝麻 25 克　水淀粉 30 克
老姜 10 克　仔姜 15 克　大蒜 10 克　大葱 15 克
小葱 10 克　精盐 3 克　味精 5 克　鸡精 5 克
料酒 25 克　色拉油 350 克（实耗约 30 克）

菜　品　介　绍

鲜辣椒，不论青红，其味与干红辣椒是有区别的。干红辣椒辛辣、燥劲大，过油后能产生香辣味。鲜辣椒则是润泽的鲜辣味，且这鲜辣味里，又掺和着几许生鲜腥味，是"清鲜醇浓并重"不可或缺的调料。

虾排过油后，本已经成菜了，但江湖厨师又将它下锅，与青、红辣椒再炒一次，增加了它的"清鲜醇浓"味，成菜色泽也美观。这款辣椒是切节，若将辣椒切成片，口感可能会更好一些。

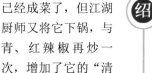

酸汤虾滑

制 作 方 法

1. 基围虾去壳，捶蓉成虾排，加精盐、干淀粉、料酒码味。
2. 金针菇洗净，莴笋头切条，芋儿粉泡发，泡萝卜切丝，泡青菜切片。3. 金针菇、莴笋条、泡好的芋儿粉分别入沸水中汆一水，捞起放入盘中待用。4. 炒锅置火上，放入色拉油烧至六成热，下泡萝卜、泡青菜、泡青辣椒、泡红辣椒、泡姜片、野山椒、泡辣椒酱、大葱节，炒香后下鲜汤，熬出味后，捞出料渣。5. 锅里下码好味的虾排，熟后下胡椒粉、味精，起锅倒入盘中，撒上葱花、青尖椒圈、红尖椒圈即成。

成菜特点： 酸香微辣，提神醒脑。

注意事项： 虾排捶蓉时干淀粉不可多加，适量就行。

烹制方法： 汆、熬、煮

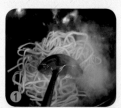

材 料

主料： 基围虾350克　**辅料：** 金针菇15克　莴笋头35克　芋儿粉100克　**调料：** 泡萝卜35克　泡青菜25克　泡青辣椒20克　泡红辣椒20克　野山椒10克　泡辣椒酱20克　泡姜片15克　大葱节、小葱花、青尖椒圈、红尖椒圈、料酒、精盐、味精、胡椒粉、干淀粉各适量　鲜汤750克　混合油30克

韭菜炒小河虾

1. 小河虾洗净待用，韭菜切节，青、红尖辣椒切片。干红辣椒切节。仔姜切片。2. 炒锅置火上，放入色拉油烧至六成热，下小河虾，炸至色红酥脆，捞起沥油待用。3. 锅留底油，烧至五成热，下干红辣椒节、青尖辣椒片、红尖辣椒片、姜片，炒至出香味，下小河虾、韭菜、盐、料酒、味精，簸转起锅即成。

成菜特点： 韭菜鲜美，河虾脆酥。

注意事项： 炸小河虾时，掌控好油温，切忌炸煳了。

烹制方法： 炒

主料：小河虾 300 克　辅料：韭菜 100 克
调料：青、红尖辣椒 20 克　干红辣椒 10 克
仔姜 10 克　料酒 15 克　精盐 3 克　味精 5 克
色拉油 250 克（实耗约 25 克）

韭菜在民间称其为起阳草，中医称其为"洗肠草"，此菜能润肠通便。《方脉正宗》记载：治阳虚肾冷，阳道不振，或腰膝冷疼，遗精梦泄。根能入药，叶能作菜，籽是泡酒养生妙物，花则是北京涮羊肉必不可少的调料。

淡水虾性温味甘，入肝、肾经，也是妙物。两者结合，当然是菜肴中的妙物了。

最简单的，就是最经典的！这是江湖菜厨师给出的答案。

辣子芝麻虾排

制 作 方 法

1. 基围虾去壳捶茸成虾排状，同少许料酒、大葱（切碎）、老姜（拍破）、盐拌匀码味。2. 干红辣椒切节，仔姜切片，小葱切花。3. 炒锅置火上，放入色拉油烧至七成热，虾排拍去葱渣，挂芡沾上白芝麻入锅，炸至色泽微黄，捞起沥油。4. 锅留底油，烧至五成热，下干红辣椒，炼至出色出香，下虾排、仔姜片、味精、鸡精、小葱节，炒匀起锅撒上熟花生、白芝麻即成。

成菜特点： 色泽红亮，辣香味厚。

注意事项： 炼制干红辣椒时，切忌炼煳。

烹制方法： 炸、炒

菜 品 介 绍

辣椒是舶来品。我国关于辣椒的最早记载当数明代高濂的《遵生八笺》："从生白花，子俨秃笔头、味辣色红，匡可观。"可见，辣椒在明代即传入江浙一带，但只是作为观赏花卉。陈溟子成书于1688年的《花镜》一书载："番椒，一名海疯蘸，俗名辣茄。本高一二尺，丛生白花，秋深结子，俨如秃笔头倒垂，初绿后红，悬挂可观。其味最辣，人多采用，研极细，冬月取以代胡椒。收子来年春雨种。"

由此可见，辣椒被"尚滋味，好辛香"的四川（重庆）人掌握后，立即以迅雷之势，渗入各种菜肴。

辣子芝麻虾排，西式制作，江湖烹饪，一菜用两种烹饪手法，这也是江湖菜的特点之一。

材 料

主料：基围虾500克　辅料：干红辣椒50克　调料：白芝麻25克　熟花生5克　水淀粉30克　老姜10克　仔姜15克　大葱15克　小葱5克　精盐3克　味精5克　鸡精5克　料酒15克　色拉油350克（实耗约30克）

香辣虾

1. 鲜基围虾洗净，剪去须脚，用精盐、料酒腌渍10分钟，水发香菇切成片。2. 炒锅置火上，放入混合油烧至六成热，下基尾虾滑油后起锅沥油。3. 炒锅留少许油，烧至六成热，下郫县豆瓣、干红辣椒节、鲜红辣椒节、豆豉、泡红辣椒节、鲜花椒、干花椒粒、老姜片、大蒜片、榨菜丝，炒出香味后，下基尾虾、料酒、味精、鸡精，翻炒均匀后，下熟花生米、小葱节，翻转起锅，撒上白芝麻即成。

成菜特点： 香辣脆嫩。

注意事项： 基围虾滑油时，切忌油温过高。

烹制方法： 滑、炒

主料：鲜基围虾750克　　辅料：水发香菇100克
调料：豆豉10克　郫县豆瓣25克　干红辣椒节35克
鲜红辣椒节35克　泡红辣椒节10克　鲜花椒25克　干花椒粒15克　老姜片15克　大蒜片10克　榨菜丝15克　小葱节10克　熟花生米、白熟芝麻、　精盐、味精、鸡精、料酒各适量　混合油500克（实耗约30克）

麻得跳

制作方法

1. 牛蛙剁成块，蘑菇切成片。2. 炒锅置火上，放入混合油烧至七成热，下牛蛙，滑散后即起锅沥油。3. 锅留少许油，下干青花椒、干红花椒、干红辣椒节、鲜花椒，炒出香味后下泡姜米、蒜米、牛蛙、红尖辣椒节、青尖辣椒节，翻炒均匀后，下料酒、精盐、味精、鸡精，最后下香油、小葱节起锅。

成菜特点： 柔嫩爽口，椒麻香足。

注意事项： 炼油时油温不可过高，要掌握"度"，既要炼出花椒的香味，又不可炼煳。

烹制方法： 炒

材料

主料：牛蛙500克　辅料：蘑菇50克　调料：干青花椒20克　干红花椒25克　鲜花椒30克　干红辣椒节15克　红尖辣椒节15克　青尖辣椒节15克　泡姜米10克　蒜米5克　小葱节5克　精盐3克　料酒20克　味精10克　鸡精5克　香油5克　混合油500克（实耗约30克）

红苔粉皮烧牛蛙

1. 牛蛙宰成小块，同料酒、盐拌匀码味。2. 丝瓜切成条。红苔粉皮用温水泡发。老姜切片，大葱切节，小葱切节。3. 炒锅置火上，放入化猪油烧至六成热，下老姜片、大葱节，炒香后下鲜汤。沸后捞去老姜片、大葱节，下丝瓜条、牛蛙、胡椒粉，牛蛙断生后，下味精、鸡精、小葱节起锅入盆。4. 炒锅置火上，放入色拉油烧至五成热，下干青花椒，炼出香味花椒略变色，连油带花椒浇在盆里即成。

成菜特点： 牛蛙柔嫩，汤汁椒香。

注意事项： 汤里不再放盐，牛蛙不需抹淀粉。

烹制方法： 煮、浇

主料：牛蛙300克　辅料：红苔粉皮150克 丝瓜50克　调料：干青花椒25克 老姜20克 大葱30克 小葱10克 精盐、料酒、味精、鸡精、胡椒粉各适量 鲜汤500克 化猪油20克 色拉油35克

清《清稗类钞》载有一则轶事：袁才子喜食蛙，不去其皮……一日，庖丁剥去其皮，以纯肉进，才子大骂曰："劣伧真不晓事，如何将其锦袄剥去，致减鲜味！"袁才子即袁枚，为清代文人，也是美食大家。其著《随园食单》对后世影响极大。

青蛙在明代以前，人们食用确实是不剥皮的，明以后才剥皮食用。袁枚则觉得剥了皮，将其保鲜的"锦袄"剥去了，完全没有了鲜味！青蛙现在当然是不准食了，但可用牛蛙替代。

芋头炒土甲鱼

制 作 方 法

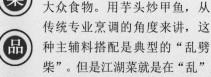

菜 品 介 绍

甲鱼是一种高级烹饪原料，营养丰富，《随息居饮食谱》称其"滋肝肾之阴，清虚劳之热"。《日用本草》称其可"大补阴之不足"。而芋头是一种大众食物。用芋头炒甲鱼，从传统专业烹调的角度来讲，这种主辅料搭配是典型的"乱劈柴"。但是江湖菜就是在"乱"中得到市场，在"新"中得到发展，在"异"中得到认同。

但这种"乱、新、异"，根本上仍旧符合了现代营养观念！从中医食疗角度说，甲鱼性味甘平，入肝、脾经，具有养阴、凉血、清热、散结、补肾等作用。而芋头性甘、辛、平，入肠、胃。具有补中益肝肾、添精益髓等功效。一些注重养生人士，已经开始用芋头与燕窝同烹，做成燕窝芋泥食用。不经意间，本以为是反常规反传统的菜式却恰好符合了养生食疗规律。

1. 芋头去皮切成滚刀块，青尖辣椒切成马耳朵形，干红辣椒切节，老姜切片，大葱切节，泡辣椒剁碎，泡姜切米。2. 甲鱼宰杀冲洗净，斩切成块。甲鱼盖不剁碎，呈整形。加胡椒粉、老姜片、大葱节、少许料酒拌匀码味。3. 炒锅置火上，放入化猪油烧至七成热，下芋头过油后捞出。4. 炒锅置火上，加油烧至五成热，下泡辣椒、泡姜、干红花椒粒，煸炒至出味出色，捞去料渣，下甲鱼块（带甲鱼盖），炒至断生，下料酒、青尖辣椒、鲜花椒、干红辣椒，炒至九成熟，下芋头、精盐、鸡精、味精，推转装盘即成。

成菜特点: 甲鱼酥鲜，芋头香糯。

注意事项: 甲鱼不可余水，要用化猪油炒，才鲜香润滋。

烹制方法: 炒

材 料

主料: 甲鱼650克　辅料: 芋头300克 调料: 青尖辣椒35克 干红辣椒25克 泡辣椒100克 泡姜100克 老姜20克 大葱25克 干红花椒15克 鲜花椒30克 料酒50克 精盐、胡椒粉、味精、鸡精各适量 油500克（实耗约100克）

青椒鱼

　　1. 花鲢鱼宰杀治净，鱼头鱼尾及鱼身大骨斩成块。两扇带皮鱼肉片成片，加盐、料酒拌匀码味后用生粉上浆。二荆条青椒在炭火上烧熟，与泡姜一起剁碎，红苕粉皮切成块。黄瓜切成条。2. 锅置旺火上，掺菜籽油烧热，下黄瓜条、芹菜节和大葱节炒香起锅，盛在大盘里垫底。净锅掺鲜汤烧开，下精盐、料酒、姜、大葱节调味，把鱼头、鱼尾和鱼骨块下锅煮熟，捞出来放在黄瓜上面。3. 锅洗净放油烧热，下烧青椒碎、蒜片炒香，掺入煮鱼头的汤烧开，放入鱼片煮断生，放红苕粉皮，下精盐、味精和花椒油煮两分钟，起锅舀在盘中鱼头鱼骨块上（汤汁呈半淹状）。4. 另锅放猪油，烧至五六成热时，下鲜花椒和红小米辣节炝香，起锅淋在鱼肉上，撒上葱花和熟芝麻即成。

成菜特点： 鱼片细嫩，青椒清香。

注意事项： 鱼片下锅煮的时间不宜太长。

烹制方法： 煮

主料：花鲢鱼 1500 克　　辅料：二荆条青椒 150 克 红苕粉皮 50 克 黄瓜 50 克　　调料：泡姜 25 克 红小米辣节 10 克 鲜花椒 15 克 大葱节 25 克 小葱花 10 克 芹菜节 15 克 蒜片、熟芝麻、姜片、料酒、生粉、精盐、味精、花椒油、鲜汤、猪油各适量 菜籽油 150 克

 菜
 品
 介
 绍

　　二荆条青辣椒，滋味微辣，入口清香，青椒炒肉丝、青椒煸仔鸡、青椒烧鳝鱼等等，都是经典菜肴。我曾吃过一次青椒鱼，鱼片细嫩，青椒清香，鱼肉中带青椒的鲜辣，青椒中融有鱼的肉香，滋味之美，至今难忘。

　　在餐饮行业沉浮四十多年，见过不少辣椒，用过不少辣椒，也吃过不少辣椒，然而偶然一次的青椒鱼让我幡然醒悟：只有领略了青椒的妙味，才算懂得了辣椒的意趣。

第二篇
山林羽毛

泉水鸡

制作方法

1. 土仔公鸡宰杀去毛，洗净，鸡肉斩切成小块，加姜片、少许干花椒粒、精盐、料酒码味；鸡杂洗净切片；鸡血凝结后煮熟切块。2. 香菇用温水发软，切成块，干红辣椒切成节，郫县豆瓣用刀铡细，泡辣椒切成颗粒，泡姜切成颗粒。3. 锅置旺火上，掺色拉油烧至七成热，下鸡块，加干红辣椒节、干花椒粒焗干水汽，然后下郫县豆瓣、泡辣椒、泡姜颗粒、料酒，炒至出色出味，掺泉水烧开后，加香菇、胡椒粉、白糖、精盐，改用小火烧至鸡块炟软，下味精调味，起锅装盘即成。4. 鸡杂制成泡椒鸡杂，鸡血加时令蔬菜制成鸡血汤。

成菜特点： 风味别致，醇浓鲜香。

注意事项： 选用一年生的土仔公鸡，味才鲜美。

烹制方法： 炒、烧

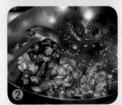

材料

主料：土仔公鸡1500克　辅料：香菇50克　调料：干红辣椒15克　郫县豆瓣100克　泡青、红辣椒75克　泡姜30克　姜片10克　干花椒粒25克　精盐3克　味精10克　胡椒粉3克　料酒25克　白糖10克　泉水250克　色拉油250克

辣子鸡

1. 土仔公鸡宰杀治净，鸡肉斩切成2.5厘米见方大小的块；青小米辣切成节。2. 锅置旺火上，掺混合油烧至五六成热，下干红椒节炸至棕红色，然后放入鸡块、花椒、料酒翻炒。当鸡熟透后，下红酱油，继续翻炒至鸡肉酥香，下青小米辣、味精，炒转起锅，装入盘中，撒上油酥黄豆、熟白芝麻、葱花即成。

成菜特点：色泽红亮，麻辣酥香。

注意事项：选用一年内的土仔公鸡，烹炒出的肉质才鲜嫩化渣。

烹制方法：炒

主料：土仔公鸡1500克　辅料：干红辣椒节150克
调料：花椒30克　红酱油100克　葱花10克　青小米辣35克　精盐、味精、油酥黄豆、熟白芝麻、料酒各适量　混合油150克（实耗约50克）

双椒面条鸡

 制 作 方 法

1. 面条入沸水煮熟，捞起拌入菜籽油，摊凉后入盘垫底。2. 鸡脯肉切丁，同少许盐、料酒、胡椒粉、麻油拌匀码味；青尖辣椒切节，小葱切节。3. 炒锅置火上，放入混合油烧至七成热，下鸡丁，滑散后下红辣椒酱、鲜花椒、青尖辣椒节、料酒、盐，炒出香味后下味精、小葱节，炒匀起锅即成。

成菜特点： 鸡丁酥鲜，面条柔滑。

注意事项： 鸡丁不可码芡，其椒辣香味才能渗入鸡丁。

烹制方法： 煮、炒

菜 品 介 绍

　　重庆人对小面情有独钟，几天不吃，就浑身不自在。重庆人吃小面，大多宽汤、油辣子足、小菜要绿，"呼呼啦啦"吃下肚，提神醒脑毛孔舒张直呼过瘾！而这款江湖菜，则反其道而行之，以凉面的形式垫底，品尝了酥香辛辣的鸡丁后，再一尝筋道柔韧的面条，且此时面条又吸足了菜肴的底味，可谓"博采众长，自成一体"。

材 料

主料：鸡脯肉 300 克　辅料：面条 150 克
调料：青尖辣椒 35 克　鲜花椒 25 克　小葱 15 克　红辣椒酱 10 克　胡椒粉、味精、料酒、精盐、麻油各适量　混合油 50 克　菜籽油 10 克

葱香糍粑鸡

制　作　方　法

1. 白卤仔鸡宰成整只形，入盘码好；老姜切米，大蒜切米，小葱切花。2. 青小米辣椒、青二荆条辣椒烧熟，捶成糍粑海椒。3. 炒锅置于火上，放入菜籽油烧至七成热，下糍粑海椒、姜米、蒜米、十三香、花椒粉、精盐，醪糟汁，炒匀起锅入碗，同鸡、小葱花上桌即成。

成菜特点：辣椒清鲜爽口，鸡肉脆嫩葱香。

注意事项：白卤即不加糖色、酱油，卤料主要由葱、姜、黄酒、丁香、茴香、桂皮、花椒、盐等调料加水熬制而成，成品色泽淡雅。

烹制方法：卤、拌

材　料

主料：白卤仔公鸡半只（300克）　辅料：小葱10克　调料：青小米辣椒35克　青二荆条辣椒35克　老姜10克　大蒜5克　花椒粉5克　十三香3克　醪糟汁10克　精盐3克　菜籽油25克

菜　品　介　绍

在处理鸡肴时，技艺精湛的厨师，从宰杀到上盘，不过数分钟。烹的汁一般都是油辣子加酱油、花椒、味精等传统凉拌菜味汁。

江湖菜厨师随心所欲而行之，白卤鸡，如同传统川菜氽水，但鸡肉多了咸鲜微甜的卤香味。用石擂钵擂出的糍粑海椒和小葱拌和，鸡肉的脆嫩同焦香辣味相融，裹上葱香味，成了让人欲罢不能的美味佳肴。

这菜，是传统川菜的做法，江湖菜的拌法，可看作是江湖菜吸收传统川菜精髓，味型开始变化的过渡菜肴。

烧椒皮蛋鸡

制 作 方 法

1. 二荆条辣椒用炭火烤熟，拌上2克盐，入盘垫底。2. 鸡白卤，斩成条，整齐码在二荆条辣椒上。3. 皮蛋入对窝捣成泥，同糍粑海椒拌匀，加入麻油、味精、盐，成糍粑海椒味碟；小葱切花，入碗，成葱花味碟；两种味碟同鸡上桌即成。

成菜特点： 鲜香脆嫩，微辣沁心。

注意事项： 鸡白卤时不可过久，断生即可，否则其嫩鲜口感失矣。

烹制方法： 白卤、浇

菜 品 介 绍

这款菜，是从传统川菜白斩鸡演变而来。一只活鸡，从宰杀、烫毛、开膛、下锅、兑味汁、宰块、淋味汁成菜，才8~12分钟，是1978年全国统一实施厨师定级考试中，厨工级必考的一道菜肴。

江湖菜厨师则觉得白斩鸡味太单薄，干脆将鸡先白卤，浅浅地挂层卤香味，味汁不用红辣子油，而是源自民间的烧青辣椒，再将鲜美的皮蛋融入，其味脆嫩且有说不出的鲜美，大有"此味只应天上有，人间哪得几回闻"之绝叹。

材 料

主料：带骨鸡肉500克　　辅料：二荆条辣椒250克　　调料：皮蛋1个　糍粑海椒30克　小葱20克　味精10克　精盐4克　麻油5克

金橘粉蒸鸡

制　作　方　法

1. 去骨鸡肉切成条。红橘柑用花刀去盖，掏出橘瓣待用。2. 圆红豆瓣剁细。老姜切米。小葱切花。3. 鸡肉条加盐，同胡椒粉、味精、醪糟汁、白糖、酱油、圆红豆瓣、甜酱、姜米拌匀码味，然后加入蒸肉粉，用清汤拌匀，再加入菜籽油、麻油拌匀，装入蒸碗内，上笼用旺火蒸至九成熟。4. 将蒸至九成熟的鸡肉，均匀地放入红橘内，盖上盖，入笼蒸15分钟，揭盖，撒上葱花即成。

成菜特点： 橘香浓郁，鸡肉鲜美。

注意事项： 也可直接将鸡肉填入红橘内，直接上锅蒸熟即成。

烹制方法： 蒸

材　料

主料：去骨鸡肉350克　　辅料：红橘8个
调料：蒸肉粉75克　醪糟汁25克　老姜5克
精盐2克　酱油10克　圆红豆瓣10克　甜酱5克
味精5克　胡椒粉3克　白糖3克　小葱5克
清汤100克　麻油10克　菜籽油50克

 菜
 品
 介
 绍

　　谁说江湖菜没有形，没有美，没有摆盘艺术？虽然，在江湖菜兴起之初，"麻辣鲜香烫"五味，可以囊括江湖菜全部特色。但是，重庆江湖菜发展至今，存在下来的，已经自觉地吸取传统川菜的精髓，不再盲目追求麻辣燥热的刺激，而是在麻辣不燥中，追求以味醇鲜香取胜，且已经逐步形成有别于四川传统川菜的新菜肴：重庆菜。这款金橘粉蒸鸡，就是江湖菜逐步形成重庆菜的亮点之一。

荞面鸡丝

菜品介绍

这道菜是江湖菜中的婉约派。荞麦，是近些年窜起的饮食宠儿。原因何在？皆因该宠儿能降低血压、血脂和血糖，清除体内渣滓。唐代孟诜在《食疗本草》中对荞麦这样描述："实肠胃，益气力，续精神，能炼五脏滓秽。"荞麦食味清香，可制成面条、烙饼、面包、糕点、荞酥、凉粉、血粑和灌肠等民间风味食品。

这款荞面鸡丝，从燕子衔泥筑窝中受启发，"窝心"灌入鸡丝，柔韧鲜泽，冷艳香醇。且若窝底垫点其他食材，上面摆几枚煮熟剥壳的鸽蛋，就能演化成"金丝燕窝菜"了。

制　作　方　法

1. 荞面入沸水煮熟，用筷子挑起卷成圈，分别放入碗内，荞面中间呈空心。2. 白卤鸡脯肉切成丝，分别放入荞面中心，撒上熟白芝麻。3. 红油、麻油、姜葱汁水、味精、盐兑成味汁随同上桌，吃时浇上味汁即可。

成菜特点：滑爽微辣，鲜香盈口。

注意事项：1. 姜葱汁水：将老姜、大葱搅打后，加入凉开水浸泡，滗出的汁水即成。
2. 荞面煮熟装碗后，也可入冰箱数分钟，则有另一种风味。

烹制方法：煮、浇

材　料

主料：荞面 300 克　　辅料：白卤鸡脯肉 200 克　调料：熟白芝麻 10 克　红油 30 克　麻油 5 克　姜葱汁水 50 克　味精 15 克　精盐 5 克

泡椒鸡杂

1. 鸡杂洗净，鸡肝切块，鸡肫切片，鸡肠切节，用老姜片、葱节、精盐、料酒码味腌渍5分钟。2. 大蒜切片，圆红豆瓣剁细，泡辣椒100克剁细、50克切马耳节。3. 锅置火上，放入色拉油烧至六成热，下泡辣椒末、圆红豆瓣、老姜片、蒜片煵炒至呈樱桃红色，下鸡杂炒入味，然后下白糖、味精、鸡精、泡辣椒节，加马耳葱节，勾水淀粉推转，淋麻油起锅即成。

成菜特点： 脆嫩酥香，椒味浓郁。

注意事项： 码味腌渍的作用主要是去腥，时间要短。

烹制方法： 蒸、烧

主料：鸡杂500克　辅料：泡辣椒150克
调料：圆红豆瓣25克　老姜片20克　大蒜20克　葱节20克　料酒30克　白糖2克　味精5克　鸡精5克　精盐1克　麻油50克　色拉油100克　水淀粉10克

　　江湖菜厨师最大的一个特点，就是没有束缚，勇于创新，不仅在调味上敢于打破常规，把不同的食材，按不同的烹制法糅合在一起，形成新的菜肴，而且敢于数倍十倍地使用三椒两精，在口味上，以剑走偏锋、出奇制胜见长。而且善于把那些食材的边脚粗料，通过巧妙构思，粗料精作、细作，烹制成价廉物美的菜肴，让人眼前一亮，唇舌享香，在江湖菜的花园里，又添一朵亮丽的小花。

　　鸡杂就是如此，过去是不入馔的下脚料，现在却被一些大排档开发出来，制成鸡杂系列菜招徕食客。

泡豇豆炒竹鸡

 制 作 方 法

竹鸡，又叫泥滑滑、竹鹧鸪或扁罐罐。原为生长在竹林中的一种野鸟，属鸟纲，鸡形目，雉科。竹鸡骨细肉厚，肉嫩味鲜，营养丰富。

泡豇豆炒竹鸡，以别出心裁的原料搭配，提高了炒泡菜的档次，从数不胜数的泡菜菜肴中脱颖而出。

1. 竹鸡肉切成小丁，用精盐、料酒、姜片码味，用水淀粉上浆；泡豇豆切成碎米，干红辣椒切成节，青、红尖椒切成颗粒，小葱切成葱花。2. 炒锅置火上，油烧至五成热，将鸡肉入锅滑熟起锅；锅内留少许油，下干红辣椒、花椒炸香，然后下泡豇豆、青、红尖椒炒香，最后下鸡丁翻炒，起锅时下白糖、味精、葱花簸转装盘即可。

成菜特点： 鸡肉鲜嫩脆爽，泡豇豆酸咸芳香。

注意事项： 鸡丁入锅用油滑时，油温不可过高，切忌滑煳。

烹制方法： 炒

 材 料

主料：竹鸡肉250克　辅料：泡豇豆200克　调料：干红辣椒10克　花椒3克　青、红尖椒各10克　小葱5克　姜片5克　精盐2克　味精2克　料酒5克　白糖3克　水淀粉15克　色拉油100克

双椒跳跳骨

1. 鸡跳跳骨加精盐、少许料酒码味；鸡蛋打破，加干淀粉搅打成蛋浆。2. 青、红尖辣椒切成节，仔姜切片，大蒜切片。3. 炒锅置火上，放入色拉油烧至七成热，将鸡跳跳骨挂上蛋浆，下锅炸至色泽金黄，滗出多余的油，下青辣椒节、红辣椒节、鲜花椒、姜片、蒜片、料酒，炒香出味后，下味精、鸡精、麻油，炒匀起锅即成。

成菜特点： 麻辣酥脆，醇厚辛香。

注意事项： 也可不挂浆，直接将鸡跳跳骨码味后炸或炒，但那样骨会变得硬焦，牙口好者才能享受。

烹制方法： 炸、炒

主料：鸡跳跳骨 300 克　　辅料：青尖辣椒 35 克　红尖辣椒 35 克　　调料：仔姜 15 克　大蒜 10 克　鲜花椒 10 克　干细淀粉 20 克　精盐 3 克　料酒 25 克　味精 5 克　鸡精 5 克　麻油 5 克　色拉油 350 克（实耗约 30 克）

　　重庆人有句俗语：鸡脚杆上刮油。意思是此人刻薄得在光光的鸡脚杆上，都要刮下几滴油水。鸡脚杆上确实没有油水，却有跳跳骨。所谓跳跳骨，是指鸡腿与脚杆关节连接处的软骨，也就是民间所称的脆骨，还包括鸡脚爪爪取出骨后，关节处的软骨。特别是脚爪爪上的脆骨，一颗颗很小，极像跳来跳去的小珠子。真的佩服江湖菜厨师的创新能力，也佩服食材加工者的分零本事，小小的鸡脚杆上，居然宰出了这么大的乾坤，演绎出一道道精美的菜肴。

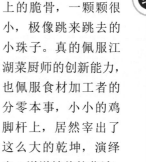

擂钵皮蛋

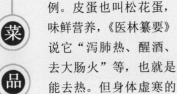
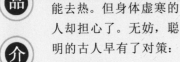

　　中国人对饮食是极有智慧的，发明皮蛋就是一例，而吃法也是一例。皮蛋也叫松花蛋，味鲜营养，《医林纂要》说它"泻肺热、醒酒、去大肠火"等，也就是能去热。但身体虚寒的人却担心了。无妨，聪明的古人早有了对策：与辣椒同吃。

　　吃皮蛋必加青辣椒，这辣椒必是柴灶里烧的，这已是巴渝地区数百年的习俗了。时下不少农家乐，顺应这一习俗，搬来古老的擂钵，"咚咚咚"地擂出青椒，拌和皮蛋，使这一吃法居然吃出了江湖，吃出了意境，吃出了民俗！

制　作　方　法

　　皮蛋切条，二荆条辣椒在炭火上烧熟，放入擂钵内；下菜籽油、盐，用擂棒将辣椒擂蓉，下皮蛋，拌匀即成。

成菜特点： 椒香、蛋香、油香，鲜爽微辣。

注意事项： 本菜不可放其他调料，原始本味，自然天成。辣椒也可煎，但不可煎煳，要保留其表皮的绿色。

烹制方法： 烧、擂

  材　料

主料：皮蛋 2 枚

辅料：二荆条辣椒 35 克

调料：精盐 3 克　菜籽油 5 克

黑竹笋香鸡

制　作　方　法

1. 鸡宰杀，去毛、去内脏洗净，斩成块，用料酒、大葱节、姜片腌渍20分钟。2. 竹笋洗净切滚刀块；水发香菇切片；魔芋切条，入沸水汆一水，用清水浸泡；泡萝卜切条；鸡杂洗净切片装盘。3. 锅置旺火上，放猪油烧至六成热，下姜片、葱节爆炒出香味，放入鸡块煸炒至水汽干时，烹入料酒，下郫县豆瓣、泡红辣椒、泡姜炒至鸡肉上色，加入鲜汤烧沸，下火腿片、香菇、香料粉烧至鸡块八成㸆，放入竹笋烧入味，加泡萝卜、魔芋、精盐、味精、鸡精调味，最后转入火锅锅内。4. 另锅置火上，放入色拉油烧至六成热，下干红辣椒节、干花椒粒炒香，浇在鸡块上面，撒上芫荽上桌。5. 上桌后先不点火，待吃完锅中的食物后，再点火加热涮烫鸡杂、鸡血或其他荤素涮料。

成菜特点： 皮糯嫩滑，竹笋嫩爽。

注意事项： 如客人要味碟，可舀锅中的香辣油汤加蒜泥作调味油碟。

烹制方法： 炒、烧

  材　料

主料：土鸡1只（约2000克）　辅料：竹笋400克　水发香菇50克　魔芋150克　调料：郫县豆瓣50克　泡红辣椒100克　干红辣椒节25克　泡姜50克　姜片25克　大葱节50克　泡萝卜100克　干花椒粒、味精、鸡精、精盐、料酒、鲜汤、芫荽、香料粉、火腿片各适量　色拉油100克　猪油150克

菜品介绍

所谓黑竹笋香鸡，也就是竹笋烧鸡，此菜并非重庆土生土长，乃由贵州传入，根据重庆人的口味演变成为类似火锅的干锅。吃时先品竹笋，再尝鸡肉，然后涮食鸡杂。主要是利用贵州赤水森林里特有的一种竹笋，与农家土鸡一起，用数十种中草药和调料共同烹调而成的菜肴。

竹笋质嫩爽脆，口感舒适、味道绝佳，独具山珍风味。鸡肉鲜嫩酥软，滋味醇厚、皮糯漓骨不油腻、麻辣适中，口味醇和不上火。

宫保皮蛋

菜品介绍

　　宫保皮蛋、宫保脑花、宫保蹄筋、宫保……，近年江湖上风行宫保菜式。宫保菜式来源于宫保鸡丁。宫保鸡丁菜与清末四川总督丁宝桢有些关系。丁宝桢是贵州平远人，清咸丰进士，同治六年任山东巡抚，后任四川总督，官拜"太子少保"，人称丁宫保。丁宝桢还是美食家，对烹饪颇有研究，每到一处就邀请当地名厨来府上充当家厨。由于丁宝桢的特殊经历，出生在贵州——先任山东巡抚——后当四川总督，给宫保鸡丁的"祖籍"增添了神秘的色彩，让后人对宫保鸡丁这道菜，是山东菜，还是四川菜，还是贵州菜，打了100多年的笔墨官司，至今还在争论不休。

　　宫保菜式的精妙之处在于，通过煳辣荔枝味，将豪放男人对辣香的热爱和窈窕美女对酸甜的渴求巧妙结合，成就了大众都爱的那个味儿。

制作方法

　　1. 皮蛋去壳，切成块，用干细淀粉上浆后放在油锅中炸至表面酥脆起锅；酱油、白糖、香醋、味精加水淀粉调成味汁。2. 锅置于旺火上，倒入色拉油烧至六成热，下辣椒节炸至棕红色下花椒炸香，放姜蒜片、辣椒粉炒至香味溢出，下皮蛋、葱节，烹入味汁炒转，最后倒入油酥花生簸转起锅。

成菜特点： 皮蛋外酥内嫩，花生米酥脆，辣香酸甜。

注意事项： 1. 花生米要最后下锅才保证酥脆。2. 宫保菜式是煳辣荔枝味，先酸后甜还要现麻辣味。

烹制方法： 爆炒

材料

主料：皮蛋3个　　辅料：油酥花生50克
调料：干红辣椒节15克 姜片、蒜片各5克 葱节20克 酱油10克 白糖7克 香醋10克 花椒3克 辣椒粉2克 味精5克 干细淀粉15克 水淀粉5克 色拉油250克

口水鸡

制作方法

1. 鸡宰杀治净，入沸水中汆去血水，捞起用清水冲洗干净。花生碾压成碎末待用。
2. 锅置旺火上，掺清水烧到70℃，把鸡放入，下入葱节、姜片、干花椒、料酒、精盐，水沸后煮3~5分钟左右，煮到刚断生时起锅，待冷后捞起，沥干水分，斩切成条块，装在盘内。3. 红酱油、姜蒜汁、芝麻酱、熟油辣椒、花椒油、白糖、香醋、味精、红油、麻油兑成味汁，淋在鸡块上，撒上白芝麻、熟花生米、小葱花即成。

成菜特点： 色泽红润亮丽，麻辣鲜香脆嫩。

注意事项： 选用一年生的土仔公鸡，肉质才脆嫩。

烹制方法： 汆、拌

材料

主料：乌皮土仔公鸡1000克　辅料：熟花生米25克　熟白芝麻20克　调料：熟油辣椒50克　花椒油10克　干花椒10克　姜片15克　红油75克　姜蒜汁30克　葱节25克　小葱花10克　红酱油、香醋、白糖、精盐、味精、芝麻酱、麻油、料酒各适量

菜品介绍

提起口水鸡，不得不说一说口水鸡的创始人刘兴。他毕业于某中医学院，对饮食的研究颇有造诣，对麻辣鸡有特殊爱好。一次，刘先生在拌麻辣鸡时，在佐料里加了姜水、白糖、醋、芝麻和葱花，感觉味道异常鲜香，客人品后无不赞好。1985年，刘兴在下半城的厚慈街，开了一家名为"断鸡处"的小店，专卖这种麻辣鸡块，并为鸡块取名"口水鸡"。且刘兴在研究提高口水鸡的口味质量的同时，还努力开发口水鸡的文化内涵。他曾在报纸上，以"口水鸡不是鸡流口水"为上联，有奖征求下联，应征者甚众，且其中一联对得极妙："太白酒何尝酒醉太白"。

花椒鸡

制 作 方 法

1. 土仔公鸡宰杀治净；连肉带骨剁成1.5厘米大小的鸡丁，加盐、料酒、葱节、姜片拌匀，腌渍入味后，放入生粉抓匀后，再加入菜油拌匀。
2. 炒锅置火上，放入混合油烧至七成热，拣去鸡丁内码味的葱、姜，滗去汁水，下锅爆炒至鸡肉收缩变色，捞出沥净油待用。3. 炒锅置火上，留50克混合油烧至五成热，下姜米、蒜米、大红袍干花椒、青花椒、鲜花椒、红尖辣椒、青尖辣椒煸炒出香味，然后下鸡丁，加入酱油、鸡精、味精、醪糟汁、白糖，爆炒入味后，浇上芝麻油装盘即成。

成菜特点： 麻辣浓香，鲜醇提神。
注意事项： 用一年以内的土仔公鸡，效果才好。
烹制方法： 炒

菜

品

介

绍

花椒也称秦椒、川椒，可除各种肉类的腥气，且能促进唾液分泌，增加食欲。中医认为，花椒性温，味辛，有温中散寒、健胃除湿等功效。花椒是川渝地区家庭必备的味品，也是诸多川菜离不了的调料。

花椒鸡利用花椒的特性，将鸡的腥味驱逐净，椒香和麻香溶进鸡肉纤维里，配以辛辣的辣椒，淋漓尽致地将大麻、大辣味道展示出来。闻其菜，辛辣椒香扑鼻；尝其菜，头皮一炸提神；慢享用，麻辣鲜香齐涌，其势如大海涨潮，虽哈气张舌，却大呼：过瘾！过瘾！这就是江湖菜。食客要有侠客的豪气，才敢于品尝。

材 料

主料：土仔公鸡1000克　辅料：鲜花椒75克　大红袍干花椒15克　青花椒20克　调料：红尖辣椒150克　青尖辣椒350克　姜片25克　姜米、蒜米、葱节、料酒、精盐、酱油、鸡精、味精、醪糟汁、白糖、生粉、芝麻油、菜油各适量　混合油300克（实耗约50克）

柴火鸡

1. 将土公鸡宰杀治净，斩成块；三线猪肉切成2厘米见方的块；排骨剁成2.5厘米长的节。2. 芋儿、莴笋头分别去皮切成滚刀块，鲜香菇切成块，泡辣椒剁细、泡姜剁切成小块，老姜切成片，青尖椒切破。3. 锅置柴火灶上，放入菜籽油烧至八成热，下猪肉炸至表面金黄，下排骨炒干水汽，然后下鸡块，焖干水汽，下料酒、泡辣椒、泡姜、大蒜、姜片翻炒转至鸡块断生。然后把芋儿、鲜香菇、水发木耳、藕片、莴笋头放在鸡块上，掺鲜汤烧开，加锅盖，用旺火烧至鸡块软糯，下尖椒炒转，下精盐、味精。客人即可入席边煮边吃。

成菜特点： 酥香细嫩，辣香适口。

注意事项： 选择家养土公鸡，肉质才鲜嫩爽口。

烹制方法： 炒、烧

主料：土公鸡1500克　辅料：三线猪肉250克　猪排骨250克　芋儿200克　鲜香菇200克　水发木耳150克　藕片150克　莴笋头200克　调料：泡辣椒100克　泡姜100克　老姜50克　青尖椒50克　大蒜100克　味精15克　精盐7克　料酒25克　菜籽油350克　鲜汤2000克

近来，又有一只鸡在微信朋友圈里"满天飞"，在袅袅炊烟中，大家围着土锅土灶品鸡吃饭，好不热闹。柴火鸡硬是比柴火还"火"。主城究竟开了多少家柴火鸡餐馆？上网输入柴火鸡3个字，铺天盖地的　信息接踵而来。据说，重庆柴火鸡是从2014年5月开始火起来的，最火时仅主城区就有600家店。其实，柴火鸡只是过去农家常见的一种烧焖鸡，类似黄焖鸡或烧鸡公，它能够风光一时的原因，一是属于"大众消费"，好吃不贵，性价比高，消费门槛低；二是柴火鸡的外在形式很新颖，许多年轻人可能未曾看过，符合都市人追新觅奇的心理。同时这种形式让过来人找到儿时的感觉，又符合一部分怀旧人群的需求。

酸菜鸡

制 作 方 法

1. 鸡脯肉洗净，片成片，加精盐、料酒腌5分钟后，裹上生粉，铺在案板上，用木棒捶打成薄片待用。2. 泡酸菜切片；泡仔姜切丝；老姜去皮，切片；大葱洗净，切节；胡萝卜去皮，切条；水发香菇洗净，切片。3. 炒锅置火上，放入猪油烧至六成热，下姜片、干红辣椒节、永川豆豉、葱节爆香，然后下酸菜片、泡姜丝炒香，掺入高汤烧沸，放入香菇片、胡萝卜条，煮熟后用漏勺捞出，在汤盘中垫底。4. 汤再烧沸，烹入料酒，下味精、鸡精调味，然后下鸡肉片煮至断生，起锅放在汤盘中，撒上大葱节。5. 另锅置火上，放入葱油，烧至五成热，浇在鸡肉上即可。

成菜特点： 酸辣滑嫩，味香汤鲜。

注意事项： 捶打鸡肉片时，切不可将鸡肉捶断。

烹制方法： 煮、浇

菜 品 介 绍

自酸菜鱼问世以来，派生出来的酸菜菜肴可以组成一个系列：酸菜肚条、酸菜泥鳅片、酸菜牛蛙等，都是极受欢迎的菜肴。皆因为大多数人喜欢酸菜的口感。巴渝地区，自古就有家家泡酸菜的习惯。一个泡菜坛子，泡的全是当季蔬菜，随时都可以抓出来烹饪任何荤食。

到了夏天，抓一把酸青菜切碎，用油煎一下加水熬汤，再下些粉丝或泡涨的胡豆瓣，或肉片，酸冽爽口，微辣芳香，让人食欲大开。

本款酸菜鸡，成菜后肉质细嫩、滑爽、微辣酸鲜，回味隽永。

材 料

主料：鸡脯肉 250 克　辅料：泡酸菜 50 克 胡萝卜 100 克 水发香菇 25 克　调料：泡仔姜 10 克 老姜 15 克 大葱 25 克 料酒 50 克 永川豆豉 10 克 精盐 3 克 味精 10 克 鸡精 5 克 生粉 100 克 高汤 500 克 葱油 25 克 猪油 35 克

干锅手撕鸡

 制　作　方　法

1. 净鸡肉入沸水中汆熟，晾凉后顺鸡肉纹里撕碎；杏鲍菇切成长8厘米，宽、厚各约1.5厘米的条。2. 干红辣椒切成节，红尖辣椒切成节，青尖辣椒切成节，仔姜切成片，小葱切成节。3. 炒锅置火上，放入色拉油烧至六成热，下杏鲍菇炸至色变，起锅沥油待用。4. 锅内留少许油，烧至五成热，下干红辣椒节、尖辣椒节、仔姜片，出香味后下手撕鸡肉、料酒、盐，炒匀后下杏鲍菇、鲜酱油、麻油、小葱节，簸转后盛入干锅内即成。

成菜特点： 香辣爽口，回味悠长。

注意事项： 此菜吃完后，可点火烫食其他菜肴。

烹制方法： 汆、炸、炒

 材　料

主料：净鸡肉350克　　辅料：杏鲍菇100克　　调料：干红辣椒15克　红尖辣椒15克　青尖辣椒15克　仔姜15克　小葱、料酒、精盐、鲜酱油、麻油各适量　色拉油500克（实耗约25克）

黔江鸡杂

 制　作　方　法

1. 鸡肠、鸡心、鸡肝、鸡肫洗净，鸡肝切小块，鸡肫切片，鸡肠切短节。2. 用姜片、大葱节、精盐、料酒将鸡杂码味腌渍，熟猪大肠切成滚刀块。3. 泡姜切成片，泡萝卜切成粗丝，泡红辣椒、干红辣椒、蒜苗、芹菜梗分别切成节。4. 炒锅置火上，放入色拉油250克，烧至六成热，下干辣椒节炸至棕红色起锅。腌好的鸡杂拣去姜、葱，用干细淀粉上浆，然后下锅炒至八成熟起锅待用。5. 炒锅置火上，放入色拉油150克，烧至五成热，下郫县豆瓣，煸炒至出色出味，下泡红辣椒、泡姜片、大蒜、香辣酱、泡萝卜丝、白糖煸炒一会儿，放鸡杂、猪大肠、油酥干红辣椒快速翻炒至上色出香，下料酒、鸡精、味精、白糖、花椒粉、蒜苗、芹菜推转起锅。6. 把鸡杂盛入小铁锅内上桌，置于火炉上用文火边煨边吃。

成菜特点： 品质细嫩脆爽，滋味香辣鲜润。

注意事项： 鸡杂吃完，可用汤汁烫涮其他荤、素菜肴。

烹制方法： 炒、烧

 材　料

主料：鸡肝200克　鸡肫300克　鸡心50克　鸡肠300克　辅料：熟猪肥肠50克　泡萝卜100克　蒜苗25克　芹菜梗20克　调料：泡红辣椒20克　干辣椒节10克　泡姜15克　姜片20克　郫县豆瓣20克　香辣酱10克　大葱节20克　大蒜10克　花椒粉、精盐、味精、鸡精、白糖、料酒、干细淀粉各适量　色拉油400克

凤筋煲

制 作 方 法

1. 鸡爪筋放入容器，加温水浸泡10分钟取出，再下锅加温水，用旺火烧开后熄火，闷发30分钟取出，去除腐肉后再入锅闷发，反复几次，至鸡爪筋彻底涨发。2. 茄子洗净，改切成条，入沸水汆熟，入砂锅垫底。3. 炒锅置火上，放入熟猪油烧至五成热，下葱节、姜片炸香，掺入鲜汤烧开，捞出姜葱不要，下鸡爪筋、料汤烧5分钟，下精盐、红油、辣椒粉、味精、鸡精、胡椒粉调味，勾薄芡，盛入砂锅内，撒上香菜即可。

成菜特点： 脆韧香鲜味隽永，清雅醇浓总相宜。

注意事项： 鸡爪筋一定要泡发透，这是成菜的关键，否则影响菜品质量。

烹制方法： 汆、烧

菜 品 介 绍

　　凤筋就是鸡爪筋，是食材精细化加工开发的一款食材。鸡爪筋含有多种蛋白质、维生素、氨基酸，其中胶原蛋白的含量极为丰富。

　　此菜鸡爪筋软糯滑爽、富有弹性，茄条软糯鲜香。

  材 料

主料：鸡爪筋350克　辅料：茄子300克　调料：葱节25克　姜片15克　料酒25克　红油15克　辣椒粉15克　熟猪油、鸡油、精盐、味精、鲜汤、鸡精、胡椒粉、香菜、淀粉各适量

烤椒鸡

制 作 方 法

　　1. 仔公鸡宰杀治净，去内脏，放在开水锅中，下老姜、料酒煮断生起锅，用冷开水浸泡放在冰箱中；青菜椒、青尖椒放在尚未燃烬的木炭灰里，用木炭火的余热把辣椒烤蔫至断生，小葱切成花，红尖椒切成圈。2. 把烤椒、青鲜花椒、大蒜、大葱白、精盐用刀铡碎，边铡边加麻油。3. 把鸡汤、精盐、味精兑成味汁。4. 鸡从冰箱中取出，斩成块装盘，淋上味汁，放上烤椒调料。5. 将菜油烧至七成热，淋于烤椒上，然后撒上葱花、红尖椒即成。

成菜特点： 鸡肉鲜嫩，辣椒清香。

注意事项： 1. 煮仔鸡的时间要掌握好，一般约10分钟。时间长了鸡肉不嫩。2. 鸡煮好后进冰箱，鸡皮遇冷收缩，成菜后鸡皮带脆性。

烹制方法： 煮、拌

材 料

主料：仔公鸡 1只（约1000克）　　辅料：青菜椒75克 青尖椒 25克　　调料：青鲜花椒10克 大葱白10克 小葱15克 老姜10克 大蒜15克 菜油50克 红尖椒、料酒、味精、麻油、精盐各适量

菜 品 介 绍

　　重庆餐饮市场时有美味异常的菜肴推出。某日，余与重庆著名饮食文化专家林文郁在较场口"方仙如福"酒家小聚，美女老板张小姐端上一款该店的新菜"烤椒鸡"，只见一大盘菜绿白相间，赏心悦目。举筷品尝，先是一股香气扑鼻而来，烤椒鲜辣，葱味清香。然后是颊齿之间的美妙感受，鸡肉脆爽，细嫩滋润。张小姐笑问："如何？"答曰："此菜，用以佐酒，半斤八两不觉醉，用来下饭，饭可要'遭殃'啰！"

芋儿鸡

菜品介绍

芋儿鸡是重庆最早的江湖菜之一，其菜中的鸡肉质地细嫩滑润，辣而不燥，芋儿炊糯回甜，备受食客喜爱。

重庆白市驿含谷镇，有一条过去默默无闻的小街，因其推出了芋儿鸡等特色菜肴，骤然风光起来，不长的时间里，建起了一片风味餐厅。昔日的冷僻已成为历史，现今小街上，车水马龙，人流熙攘，前来品尝美食的食客络绎不绝。从此，"含谷"这个地名，随着芋儿鸡名扬天下。

制作方法

1. 仔公鸡肉洗净，斩成块，放碗中加精盐、姜片、料酒拌均匀腌渍15分钟。2. 小芋儿去皮，泡红辣椒剁碎，泡姜切成块。3. 锅置旺火上，放混合油烧至六成热，下芋儿过油，七成熟时捞起待用。4. 当锅里油温升至七成热时，放入鸡块煸炒至水汽干时，下料酒、郫县豆瓣、泡红辣椒、泡姜、干花椒炒至出色出味，掺入鲜汤没过鸡块一寸左右，用旺火烧开，然后改小火慢慢烧40分钟。5. 鸡块成熟，下芋儿烧20分钟左右，待鸡肉熟透炊酥芋儿炊糯时，放入味精、葱花起锅装盘。

成菜特点： 细嫩滑润，鲜香盈口。

注意事项： 选择一年内的仔公鸡，肉质才鲜嫩。

烹制方法： 炒、烧

主料：仔公鸡肉 1000克　　辅料：小芋儿 500克　调料：泡红辣椒150克 泡姜50克 姜片15克 干花椒粒10克 郫县豆瓣 25克 鲜汤、味精、精盐、料酒、大葱花各适量 混合油100克

烧鸡公

制 作 方 法

1. 土仔公鸡宰杀治净，鸡肉斩切成块；鸡血、鸡肝、鸡肠、鸡肾等切好待用。2. 锅置旺火上，掺混合油烧至五六成热，放入鸡块炒转，下姜片、蒜片煸干水汽，下郫县豆瓣、泡辣椒、草果、干红椒节50克同炸，待鸡炒出香味后，掺鲜汤烧开，烹料酒，在下精盐、五香料，然后改小火烧40分钟。待鸡肉炑后，加味精、鸡精、大葱节即转入火锅锅内。3. 锅再置火上，取干红辣椒节50克，干花椒粒10克，用少量油干炒至香，起锅置于火锅锅中的鸡肉上，最后撒油酥黄豆，配火锅炉上桌。4. 鸡血、鸡杂装盘与其他涮料随锅同时上桌。

成菜特点： 麻辣味鲜，鸡块炑糯，汤汁红亮。

注意事项： 选择一年内的仔公鸡，肉质才鲜嫩。

烹制方法： 炒、烧、涮

材 料

主料：土仔公鸡1只（约2000克）　　辅料：油酥黄豆50克　　调料：郫县豆瓣150克 干红辣椒节100克 泡辣椒25克 姜片50克 干花椒粒20克 蒜片50克 料酒50克 混合油500克 精盐、味精、鸡精、五香料、鲜汤草果各适量

菜 品 介 绍

烧鸡公，最先出自于重庆的璧山县。据说，几位走得疲惫不堪且饥肠辘辘的"驴友"，途经路边的小店，叫店家来几个小炒下酒。可此时灶上已空，什么都没有。"驴友"们也累了饿了，不想再走了，非要在这里吃点东西不可。店家无奈，只好捉只正在院中觅食的公鸡，三刨两抓，草草打理干净，又加了大量的辣椒和香料，和着剩余的火锅底料一起烧。没想到这一烧，就烧出了一道名菜，从此风靡川渝两地。

锅巴辣子跳跳骨

制　作　方　法

菜

品

介

绍

　　啃过鸡脚爪爪的人都知道，鸡脚上的脆骨又酥脆的，又入味。

　　吃这款菜，也是极有乐趣的。成菜后那极小的脆骨在嘴里，如同跳跳糖，跳来跳去，躲避着牙齿的咀嚼。

　　用如此鲜艳的辣椒炒的跳跳骨，肯定是极辣的。这正是辣子菜肴的特色，就是要辣得你跳，辣得你耳朵冒烟，辣得你满头大汗、精神焕发。不过这道菜的辣还远不只此，垫底的锅巴早已吸收了菜中的红油汤汁，吃吧，这又是一道辣子风景了。

　　1. 鸡跳跳骨洗净，同盐、少许料酒、胡椒粉拌匀码味；鸡蛋打破，加干细淀粉搅打成蛋浆。2. 干红辣椒切节；小葱切花；仔姜切片；锅巴炸熟后，撕成小块，入盘垫底。3. 炒锅置火上，放入色拉油烧至七成热，将鸡跳跳骨挂上蛋浆，下锅炸至色泽金黄，滗出多余的油，下干红辣椒、干青花椒粒、姜片、料酒，炒出香味辣椒色微变时，下味精、鸡精，簸转即起锅，盛在锅巴上，撒上熟花生米、熟白芝麻、小葱花即成。

成菜特点： 辣味厚，麻味香，锅巴香辣味浓。

注意事项： 锅巴可直接用米饭入锅，用锅铲捣、碾、压而烙成。

烹制方法： 炸、炒

材　料

主料：鸡跳跳骨 350 克　　辅料：锅巴 150 克
调料：干红辣椒 100 克　干青花椒粒 15 克
仔姜 10 克　熟花生米 10 克　熟白芝麻 2 克
鸡蛋 1 个　干细淀粉 15 克　小葱、精盐、料酒、
味精、鸡精、胡椒粉各适量　色拉油 350 克

蛋黄玉米跳跳骨

 制 作 方 法

1. 鸡跳跳骨洗净，同老姜（切丝）、少许料酒拌匀码味，小葱切花。2. 鸡蛋打破，加干淀粉搅打成蛋浆待用。3. 炒锅置火上，放入色拉油烧至七成热；鸡跳跳骨码味后拣去姜丝，沥干水分后，挂上蛋浆入锅，炸至色泽金黄时起锅沥油。4. 玉米挂上蛋浆，同样入锅炸至金黄时起锅沥油。5. 锅留少许油，五成热时下大葱、鲜花椒，炼出香味后，捞出料渣，下鸡跳跳骨、玉米、精盐、味精、料酒，炒匀后起锅入盘，撒上葱花即成。

成菜特点： 色泽金黄诱人，其味酥香清鲜。

注意事项： 炸时掌握油温，不可炸煳。

烹制方法： 炸、炒

 材 料

主料：鸡跳跳骨300克　辅料：鲜玉米150克
调料：鸡蛋2个　干淀粉50克　老姜15克
料酒15克　精盐3克　小葱5克　大葱25克
鲜花椒15克　味精5克　色拉油500克（实耗约30克）

 菜 品 介 绍

这款菜，让人想起20世纪80年代初期，朋友有了小孩，那时物质没有这般丰富，牛奶要凭票买，其他营养品也没有。朋友害怕孩子缺钙，就将猪排骨上的脆骨剔下，蒸软后，用石磨磨细，再加面粉拌后，揉成丸子给孩子吃。不想孩子吃上瘾了，长牙后仍喜欢吃这道菜。朋友就经常买些猪排骨，剔下脆骨，蒸炆后裹上淀粉炸给孩子吃。

这款菜没有用猪排骨，而是鸡的跳跳骨。挂上蛋浆，炸得酥香黄艳，色泽醒目，看着就想抓一把往嘴里扔。

干锅鸡

制 作 方 法

菜 品 介 绍

干锅也称香锅，据说是由湖北人烹饪野味演变而来。深山野林中捕到野味，要么烧烤着吃，要么就用随身带着的调料烹饪。山野中取水困难，就以干锅方式烹饪，吃后觉得味道别致，就流传开来。后发展到吃仔鸡、兔肉、耗儿鱼、甲鱼等，也用此种方法烹制。传入巴渝后，被重庆人戏称为"炒火锅"。但酷爱火锅的重庆人，并不满足火锅"炒"着吃，总想"炒"也吃，"烫"也吃，两样都要享受。于是，增添了一道程序，变成了一鸡两吃的火锅。

1. 仔公鸡宰杀治净，鸡身斩成块，鸡杂切成片；香菇切片，冬笋切滚刀块，莴笋头切滚刀块。
2. 鸡块用料酒、姜片、葱节、精盐拌匀，腌渍20分钟。3. 锅置旺火上，掺鲜汤烧沸，下鸡块、姜块、葱节、五香粉、胡椒粉，煮至鸡肉七成炽时捞出，鸡汤待用。4. 锅再置火上，掺菜籽油烧至六成热，分别下干红辣椒节、花椒粒炸香捞出。锅中加猪油，待油温升至七成热时，放入鸡块炒干水汽，然后下郫县豆瓣焖炒一会儿，加入啤酒25克，继续炒至鸡肉酥香时，下炸好的干红辣椒节、花椒粒、鸡精、味精、酱油、精盐、胡椒粉、白糖炒匀，放入香菇、冬笋、莴笋头继续炒。待锅内收汁亮油时，加入葱节、味精、花生米后，转入不粘锅内，带木铲、酒精炉、啤酒上桌。点燃酒精炉，由客人边炒边加啤酒边吃鸡肉。5. 鸡杂加泡辣椒、炒熟装盘上桌。并把随配的荤素菜同上，供客人烫食。

成菜特点： 干锅麻辣鲜香，火锅润泽红亮。

注意事项： 炒锅里的汤汁是啤酒熬制而成，一次不可多加。

烹制方法： 炒、烫

材 料

主料：仔公鸡1只（约1500克）　　辅料：水发香菇150克　冬笋100克　莴笋头150克
调料：火锅底料250克　郫县豆瓣末50克　干红辣椒节25克　姜片10克　姜米30克　干花椒粒10克　大葱节100克　酱油20克　菜籽油150克　猪油50克　啤酒500克　油酥花生米50克　鲜汤、精盐、五香粉、料酒、鸡精、味精、胡椒粉、白糖各适量

大盘鸡

1. 仔公鸡宰杀，拔毛去内脏洗净，入沸水汆一水捞出，斩成块。2. 土豆洗净，刨皮，切块，入锅内煮炒待用。洋葱洗净，切末。芹菜梗洗净，切末。老姜15克切片，35克拍破成块。大葱拍破绾结。大蒜切片。干红辣椒切节。3. 炒锅置火上，放入清水，下鸡块烧沸，下姜块、葱、料酒、五香粉，卤至鸡块七成炒起锅，晾冷后加红酱油码匀。4. 炒锅置火上，放入色拉油烧至六成热，下鸡块炸至棕红色起锅，沥干余油。5. 另锅放入色拉油，烧至五成热，下洋葱、芹菜炒香，加入高汤烧沸，下姜片、蒜片，放入鸡块、土豆、精盐、红油辣椒略烧，下花生酱、芝麻酱、鸡精、味精、美极鲜酱油，烧至鸡肉炒糯入味起锅，装入大盘内。6. 炒锅再置火上，放入色拉油烧至六成热，下干红辣椒节、花椒粒炒香，起锅淋在鸡肉上即可。

成菜特点： 麻辣鲜香，质糯味厚。

注意事项： 1. 一定要选择一年内的仔公鸡，肉质才鲜嫩易熟，一年以后甚至多年的老公鸡，烹饪时不易卤炒，也不易烧入味，其口感会大打折扣。2. 此菜可根据食客所需，如喜辣，可在烧时，除放红油辣椒外，可加入红小米辣，加重辣味，其色泽也亮丽。

烹制方法： 卤、炸、烧、油浇

主料：家养土仔公鸡1只（约2000克）　　辅料：土豆750克　洋葱50克　芹菜梗50克

调料：干红辣椒50克　红油辣椒15克　干花椒粒10克　老姜50克　大蒜15克　大葱100克　五香粉35克　花生酱15克　芝麻酱15克　精盐5克　红酱油30克　美极鲜酱油10克　味精10克　鸡精10克　料酒50克　高汤100克　色拉油2500克（实耗约150克）

风光排骨鸡

菜
品
介
绍

江湖菜的神韵，就在于意料之外，情理之中。某食店，推出了一款名为风光排骨鸡的火锅菜。细细品尝，除了火锅的醇厚味道之外，更别有一番香辣鲜味交织其中。畜类与禽类共烹，新鲜与麻辣巧用，实乃厨师灵光一闪的佳作。不过，为什么取名风光排骨鸡，风光之意何在？店家说不清也道不明。好在食客只重的是口味，至于名字说不清也没什么关系了。

制 作 方 法

1. 土仔公鸡宰杀治净，斩成块；猪排骨洗净，斩成比鸡肉稍大的块；干豇豆泡软，切成节。2. 鸡块、排骨分别加少许精盐、料酒、老姜片、葱节码味腌渍。3. 锅置旺火上，掺菜籽油烧至六成热，放排骨，炸至略显黄色，起锅待用。4. 锅内油温升至七成热时，放入鸡块爆炒，鸡肉水汽渐干时，烹入料酒，然后加泡红辣椒末、泡姜末、郫县豆瓣末、干红辣椒节，炒至鸡块上色，香辣味溢出时，加入花干椒粒10克翻炒，然后加鲜汤，下老姜片，制成泡椒鸡块。5. 压力锅置旺火上，放入排骨、干豇豆节，然后将泡椒鸡块连原汁放入锅内，加入精盐、白糖，烧沸，改用中火焖压20分钟起锅，连汤汁转入火锅锅内，加醪糟汁、大蒜、干花椒粒5克、味精、鸡精略熬，加入大葱节，加入油酥黄豆、熟芝麻上桌。6. 备各种荤素菜涮料与排骨鸡同上桌时，以供客人烫食。

成菜特点： 排骨味厚，鸡肉鲜香。

注意事项： 压力锅烧制时，时间要掌握好，不可将肉煮烂。

烹制方法： 炸、烧

材 料

主料：土仔公鸡半只　猪排骨1000克　　辅料：干豇豆80克　　调料：泡红辣椒末300克　干红辣椒节50克　郫县豆瓣末100克　泡姜末100克　老姜片35克　干花椒粒15克　大葱节100克　鲜汤、精盐、醪糟汁、大蒜、味精、鸡精、料酒、白糖各适量　油酥黄豆75克　熟白芝麻5克　菜籽油350克　猪油50克

尖椒鸽子荷包蛋

 制 作 方 法

1. 平底锅置火上，放入色拉油烧至六成热，离火，将鸽蛋挨个打破放入锅内，再移到火上，待鸽蛋熟后，离火铲起待用。

2. 青、红尖辣椒切片，小葱切节，仔姜切片。

3. 炒锅置火上，放入麻油、花椒油烧至五成热，下尖辣椒、仔姜片，炒出香味后，下鸽子蛋、小葱节、盐、味精，簸转起锅即成。

成菜特点：色泽美观，鲜香养生。

注意事项：鸽子蛋不可煎煳了，平底下油后，一定要离火下鸽蛋，待鸽蛋全部放入平底锅后，再移到火上小火慢煎。

烹制方法：煎、炒

 材 料

主料：鸽子蛋9枚　　辅料：青、红尖辣椒共30克　　调料：小葱10克　仔姜5克　花椒油5克　麻油15克　色拉油15克　味精5克　精盐3克

菜 品 介 绍

民间有"一鸽当九鸡"之说，可见鸽子的营养是很高的。鸽蛋呢，自然也营养丰富了。蛋制品烹饪，以前民间只知道煮荷包蛋、炒鸡蛋、蒸芙蓉蛋等，吃法很单调。1964年，重庆市举办了"蛋制品展览"，集中全市各大餐厅，推出了蛋蓉韭黄饼、蛋皮卷五珍、火腿烘蛋、蛋皮石榴鸡、梭椤蛋、卷筒蛋、滚龙蛋、赛螃蟹、虎皮蛋、鸳鸯蛋、蛋酥花仁、蛋烤肉等百多个品种，才将蛋类烹饪的多样化推向民间。及至今日，蛋制品的烹饪种类，都没脱离当时那些品种的樊篱。

不过江湖菜厨师独辟蹊径，将鸽蛋煎后，同大众喜爱的辣椒同炒，食客尝后抹嘴，只能说出四个字：妙不可言。

泡椒鹅肠

制 作 方 法

1. 鹅肠洗净，用竹筷刮去黏膜，改成长10厘米的段，放在开水锅中氽一水，沥干水分待用。2. 泡二荆条辣椒切破，泡姜切成末，蒜苗切成节。3. 锅置旺火上，掺混合油烧至六成热，下泡二荆条辣椒、泡姜末、花椒炒出香味，下鹅肠，烹入料酒翻炒，然后下精盐、味精、白糖炒转，最后用红苕淀粉勾薄芡，起锅前放入子弹头泡辣椒、蒜苗簸转装盘。

成菜特点：鹅肠鲜香脆爽，泡菜风味突出。

注意事项：鹅肠氽水的作用是去掉腥味，不是将它煮熟，所以时间要短。

烹制方法：炒

菜 品 介 绍

　　泡辣椒，是一种以湿态发酵方式加工而成的浸渍品，以其酸辣鲜的口感，充当着调料"主力军"，无论城市乡村，泡辣椒加工都极为普遍。据说，在重庆的一些乡村，要看哪家的媳妇是不是能干，就看她泡了几坛辣椒，看她泡的辣椒味道怎样。现今，江湖菜中蔚为大观的泡椒系列，把泡辣椒的能耐发挥到了极致，走进重庆大大小小餐馆的厨房，你总能在某个角落发现一个个圆鼓鼓的坛子，里面装着的就是泡辣椒。吃着泡椒鹅肠，入口是酸鲜味，一嚼，是鹅肠的脆嫩，再嚼，唇舌间涌出醒脑提神的酸辣复合味，凡是泡菜坛子里曾经泡过的菜，其味都在嘴里轮番散发出来。

材 料

主料：鲜鹅肠500克　辅料：泡二荆条辣椒50克　调料：子弹头泡辣椒15克 泡姜15克 干花椒粒5克 蒜苗10克 精盐、味精、白糖、料酒、红苕淀粉各适量 混合油75克

泡菜鸭肠

制 作 方 法

　　1. 泡萝卜切条，泡豇豆切节，泡青菜切条，泡姜切片。
2. 鸭肠加精盐码味，入沸水中汆一水，沥干水分待用。3. 炒锅置火上，放入色拉油烧至五成热，下泡萝卜条、泡豇豆节、泡青菜条、泡红辣椒、泡青辣椒，炒香后，下泡辣椒酱、泡姜片、鸭肠，炒匀后下料酒、味精、小葱节，簸转后起锅撒上油酥花生即成。

成菜特点： 鸭肠脆嫩鲜香，泡菜味浓微辣。

注意事项： 汆水主要是去除腥味，切忌时间过长。

烹制方法： 汆、炒

材 料

主料：鸭肠500克　　辅料：泡萝卜25克　泡豇豆20克　泡青菜25克　　调料：泡红辣椒15克　泡青辣椒15克　泡辣椒酱10克　泡姜15克　小葱节5克油酥花生30克　精盐3克　料酒15克　味精15克色拉油30克

煳辣鸭脯

制 作 方 法

1. 黄瓜切片，莴笋头切片，入沸水汆一水，码入碗垫底。2. 鸭脯切片，整齐摆放在碗上；干红辣椒切节，小葱切花。3. 美极酱油、辣鲜露、藤椒油、麻油、味精兑成味汁，浇在鸭脯肉片上。4. 炒锅置火上，放入色拉油烧至五成热，下干红辣椒节、干花椒粒，炼至辣椒变色，连油带辣椒浇在鸭脯肉上，撒上葱花即成。

成菜特点：凉菜热烹，辣香鲜醇。

注意事项：白卤即不加糖色、酱油，卤料主要由葱、姜、黄酒、丁香、茴香、桂皮、花椒、盐等调料加水熬制而成，成品色泽淡雅。

烹制方法：浇

江湖菜厨师的别出心裁，由此菜可见一斑。都说烹饪中讲究清配清，浊配浊，他偏偏清浊混搭，让你目瞪口呆。通常色呈棕红的卤，称为红卤，卤出的物件色泽棕红油亮。若去掉配方中的糖色，便成了白卤，卤出的物件色泽浅黄，口感咸鲜微甜。

鸭脯白卤后切片，本应浇上与白卤适宜的婉约、清淡一点的滋汁，成就一道清雅隽永的菜肴。然而，江湖菜厨师偏偏给它浇上一勺炼了的干红辣椒。将不对称美运用到了烹饪中，味也不对称了，让你在清雅中吃出煳辣，吃出香辣，吃得满头冒汗。

材 料

主料：白卤鸭脯300克　辅料：黄瓜50克　莴笋头50克　调料：干红辣椒50克　干花椒粒25克　美极酱油15克　辣鲜露20克　藤椒油15克　麻油10克　味精10克　小葱5克　色拉油35克

江湖鸭血

制　作　方　法

1. 鸭血切成片，入加了料酒的沸水中汆一水。2. 丝瓜切成条，老姜切片，大葱切节，小葱切节。3. 炒锅置火上，放入化猪油烧至六成热，下老姜片、大葱节，炒香后下鲜汤。沸后捞去老姜片、大葱节，下丝瓜条、鸭血、精盐、胡椒粉，待丝瓜、鸭血熟后，下味精、鸡精、小葱节起锅入盆。4. 炒锅置火上，放入色拉油烧至五成热，下干青花椒，炼出香味花椒略变色，连油带花椒浇在鸭血上即成。

成菜特点： 鸭血嫩脆，汤汁清鲜，花椒香味醇浓。

注意事项： 汤汁之所以要放姜、葱熬味，是因为血类食材，只有用姜、葱，才能压住腥味。

烹制方法： 煮、浇

材　料

主料：鸭血 500 克　辅料：丝瓜 200 克
调料：干青花椒 50 克　老姜 20 克　大葱 30 克
小葱 10 克　精盐 5 克　味精 15 克　鸡精 5 克
胡椒粉 3 克　鲜汤 500 克　化猪油 15 克　色拉油 35 克

菜品介绍

鸭血味咸，性寒，富含铁、钙等各种矿物质，营养丰富，有补血和清热解毒的作用。过去家庭宰杀鸭后，鸭肉或烧或炒或爆，也可炖汤。但鸭血，一般都是汆水后，炒内脏时随锅一起炒。可以说，任何人家都没把它当成独立的一盘菜，只是觉得扔掉了可惜才吃。

鸭血单吃是重庆火锅兴起后，作为柔嫩的涮料，成为食客喜欢的菜肴。

江湖菜厨师觉得，鸭是喜欢水的动物，应该与水相生相恋，将其放入料汁里煮，熟后浇一锅炼花椒的油，连花椒也倒进去，麻辣鲜香。正是重庆人爱的那一口。

啤酒鸭

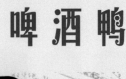

啤酒鸭，又叫砂锅啤酒鸭，主要风味在于熬制锅底时加入了啤酒。啤酒是大麦浸泡发芽后，加入酒花发酵酿制而成，里面的有机酸具有清新、提神的作用，被喻为"液体面包"。将鸭肉与啤酒一同烧成菜，使滋补的鸭肉味道更加浓厚，鲜香微辣，略带啤酒香味，是下饭佐酒的佳肴，并兼有清热、开胃、利水、除湿之功效。

吃着这样的佳肴，你会忍不住赞叹：江湖代有能人出，各领风骚烹一绝。

制 作 方 法

1. 鸭宰杀治净，去内脏，斩切成块，加姜片、料酒码味；魔芋改切成条，入开水锅中汆去碱味；土豆去皮切成条。2. 锅置旺火上，掺色拉油烧至六成热，下姜片、大葱节煸炒出香味，下鸭块爆炒至断生，下郫县豆瓣、花椒、泡辣椒末、辣椒粉焖炒；待鸭块上色后，放入土豆条，下精盐、味精、白糖、酱油及350毫升啤酒烧沸，转入砂锅改用中火继续烧。3. 锅内鸭块烧至八成㶽时，再次加入400毫升啤酒、魔芋、红油、葱节继续烧，待魔芋入味即可。4. 配鸭肠、鸭血、粉丝、蘑菇等荤素涮料随锅上桌。

成菜特点： 鸭肉喷香爽口，魔芋鲜糯软滑。

注意事项： 鸭的绒毛一定要去净。

烹制方法： 炒、烧

 材 料

主料： 老鸭1500克　**辅料：** 魔芋400克　土豆250克　**调料：** 郫县豆瓣100克　泡辣椒末150克　姜片25克　蒜片50克　大葱节50克　料酒50克　红油200克　啤酒750毫升　色拉油150克　辣椒粉、花椒、精盐、味精、酱油、白糖各适量

仔姜爆鸭子

1. 白条鸭治净，斩成条块，用老姜、大葱节、料酒码味 20 分钟；仔姜切成片，郫县豆瓣用刀铡细，干红辣椒切成节，小葱切成节。2. 炒锅置旺火上，掺色拉油烧至六成热，下经码味的鸭块爆炒干水分，转入高压锅，加精盐、料酒，掺鲜汤加盖，煮压 15 分钟。3. 炒锅再置旺火上，下油烧至五成热，下姜片炒香，下鸭块爆炒出香味，再下郫县豆瓣、甜酱炒至油现红色，放入白糖、鸡精、味精快炒几下，下小葱节簸转起锅。

成菜特点：咸鲜微辣、肉质炽软、鲜香适口

注意事项：高压锅煮压时，掌控好时间火候，切不可将鸭压得炽烂。

烹制方法：爆、煮、炒

主料：白条鸭半只　　辅料：仔姜 150 克
调料：老姜 15 克 甜酱 50 克 郫县豆瓣 25 克 干红辣椒 3 克 花椒 2 克 精盐 7 克 味精 5 克 鸡精 5 克 料酒 50 克 白糖 10 克 小葱 25 克 大葱节 25 克 色拉油 150 克 鲜汤 1000 克

仔姜爆鸭子，是老重庆人记忆中的一款时令美食。那时，重庆近郊多有水田，每年谷子熟时，就有赶鸭人举着长长的竹竿，赶着成群的鸭子，浩浩荡荡朝城里拥来。人们称他们为"鸭棚子"。他们的到来，丰富了人们的菜篮子，买一只鸭回家，同仔姜爆炒，一家人乐呵呵地享受着美食。

姜爆鸭传统的烹制法有两种，其一，用烟熏鸭去骨切成二粗丝，加仔姜丝、红辣椒和豆瓣爆炒成菜；其二，将白条鸭斩块，加仔姜生爆。

两种方法成菜风味各有千秋。这里介绍的是第三种方法，即不拘一格，复合调味的江湖方法，码味后先炒再烧，最后再加仔姜爆。

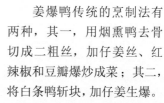

地皮炒鸭蛋

 菜
 品
介
 绍

记得儿时，每逢暑假，都要到乡下亲戚家玩。亲戚家屋后，是一条清澈见底的小溪，溪中圆石很多，两旁是青翠的竹丛，竹丛下也有很多圆石。小溪中捉鱼捉蟹玩耍的我们，常能见到圆石上长出厚厚的苔藓，那时并不知道是何物。一次，一位伙伴牵着牛来玩，牛却伸出舌头卷那些苔藓吃，始知此物可以吃，于是，帮亲戚家割猪草时，见到苔藓，也用刀剔下，回家喂猪。

殊不知，这却是别称"地人参"的妙物。而且这种妙物特别娇贵，只有在周围环境都无污染的状态下，才能生长。现今这种净土太难寻了，用这种净土下生成的苔藓，与鸭蛋同烹，黄黑相间，脆嫩软糯，实是大自然馈赠给我们的一道天然美食。

 制 作  方 法

1. 鲜地皮洗净，入沸水中汆一水，沥干水分待用，青、红小米辣椒切圈，鸭蛋打破入碗，下2克盐搅打成蛋浆待用。2. 炒锅置火上，放入混合油烧至六成热，下鸭蛋浆摊熟，起锅沥油待用。3. 锅留底油，放入麻油烧至六成热，下地皮炒匀后，下炒熟的鸭蛋，边炒边将鸭蛋铲成碎花，下盐、小米辣椒圈，起锅即成。

成菜特点： 原始味道，清香古朴。

注意事项： 地皮即乡村无污染地区，石头上生出的苔藓。如使用的是干地皮，可先用温水泡发，细心洗去沙泥。

烹制方法： 炒

 材 料

主料：鲜地皮200克　辅料：鸭蛋1个
调料：青小米辣椒5克　红小米辣椒5克
精盐4克　麻油5克　混合油25克

茴香鸭血

制作方法

1. 鸭血切片，入沸水中汆一水，沥干水分待用；鲜茴香一半切节，一半留长条；泡青辣椒切破，泡姜切米。2. 炒锅置火上，放入混合油烧至五成热，下泡红辣椒、泡青辣椒、姜米，炒至出色出香，下鲜汤，沸后熬至味出，下鸭血、盐、味精，水淀粉勾稀芡，再下茴香节、鲜花椒油，炒匀起锅，摆上鲜茴香即成。

成菜特点：柔滑软糯，脆嫩鲜香。

注意事项：勾芡只是使鸭血易于挂味汁，一定要稀薄，切不可过于浓稠，否则会影响口感和菜品的美感。

烹制方法：炒、烧

  材料

主料：鸭血 500 克　辅料：鲜茴香 15 克
调料：泡红辣椒 50 克　泡青辣椒 35 克　泡姜 20 克　精盐 5 克　料酒 25 克　味精 10 克　鲜花椒油 5 克　水淀粉 15 克　鲜汤 300 克　混合油 50 克

 菜
 品
 介
 绍

茴香菜又名小怀香，亦称香丝菜。嫩叶可作菜蔬，它具有特殊的香辛气味，具有健胃理气的功效，是搭配肉食和油脂的绝佳蔬菜，可凉拌、炒菜、做汤、腌渍。南朝大医家陶弘景谓："煮臭肉，下少许，无臭气，臭酱入末亦香，故曰茴香。"

鸭血富含铁、钙等各种矿物质，营养丰富。在古人眼里，鸭血最大的功能是解毒。《本草便读》载："鸭血功专解毒，但须热饮方解，亦古今相传之法。"用茴香烹饪鸭血，取泡椒味，咸鲜嫩韧，汤香微辣。

第三篇
乡野六畜

双椒月牙骨

 制 作 方 法

 菜

 品

 介

绍

看着厨师剔出月牙骨，不得不从心底发出由衷的赞叹：这才是货真价实的"食不厌精，脍不厌细"啊！真的佩服这些江湖菜厨师，把各类食材的运用，发挥到了极致，连带有脆骨的肉都能剔下来，再加以大火爆炒，微微弯曲，果真像月牙！

细细思量，此菜，也只有用此方法烹饪，才恰如其分。薄薄的月牙上，有瘦肉，有脆骨，辣椒的香味浸润其中，冬菜的清香点缀着辣味，咀嚼中，清香与辣味相互蹿动，脆骨又在唇舌间跳动，有动感，有气场，有趣味。

1. 猪月牙骨白卤后切片，青、红尖椒切片，小葱切节，老姜切片。2. 炒锅置火上，放入菜籽油烧至六成热，下老姜片、月牙骨片、尖辣椒片、冬菜、料酒、盐、味精、小葱节，炒匀即成。

成菜特点： 鲜辣脆嫩，香气诱人。

注意事项： 猪月牙骨，即猪前颊扇子骨上的一块带有脆骨的肉。

烹制方法： 白卤、炒

 材 料

主料：猪月牙骨500克　辅料：青、红尖椒50克　调料：冬菜25克　小葱10克　老姜10克　精盐3克　料酒15克　味精10克　菜籽油35克

茶树菇松板肉

1. 松板肉切成长 7 厘米、宽 3 厘米、厚 1.5 厘米的条，同老姜（拍破）、少许料酒、少许盐、干淀粉拌匀码味。2. 茶树菇清洗干净，红辣椒切片，青辣椒切片，小葱切节。3. 炒锅置火上，放入色拉油烧至六成热，下码好味的肉条、茶树菇，滑至肉条断生，捞起沥油待用。4. 锅中留少许油，下肉条、茶树菇、辣椒片、精盐、料酒、味精、鸡精、麻油、小葱节，炒匀起锅即成。

成菜特点： 温婉清香，鲜泽爽口。

注意事项： 滑油不可过久，断生即可。

烹制方法： 滑、炒

主料：松板肉 250 克　辅料：鲜茶树菇 100 克　调料：青辣椒 25 克　红辣椒 25 克　干花椒粒 5 克　老姜 15 克　小葱 15 克　精盐 3 克　干淀粉 10 克　料酒 25 克　味精 10 克　鸡精 5 克　麻油 5 克　色拉油 300 克（实耗约 20 克）

茶树菇盖嫩柄脆，味纯清香，营养超过香菇等其他食用菌，属高档食用菌类。中医认为，茶树菇性平，甘温，益气开胃，有抗衰老、降低胆固醇、补肾滋阴、提高人体免疫力等功效。常食可起到抗衰老、美容等作用。

松板肉，是猪颈项上的瘦肉，其肉质柔嫩不板结，成菜后嫩腻脆韧，鲜香爽口。用这样的肉同茶树菇烹炒，鲜香柔嫩清爽，能吃出山野的灵气、菌类的清纯。

水豆豉炒巴骨肉

过去吃"巴骨肉"，是因食物短缺的不得已而为之，如今吃巴骨肉却成为一种时尚。香辣巴骨肉、干锅巴骨肉、孜然巴骨肉、双椒巴骨肉……一时竟成为餐馆招徕顾客的招牌菜。

在方言中"巴"就是贴近、靠近的意思。巴骨肉就是靠近骨头的肉，不光是筒子骨、肋骨上有，扇子骨上也有且更美味。这些巴在骨头上的肉，肉不多却很独特，软糯但有"骨气"：肉中带筋腱、脆骨，让食材的口感更丰富、有层次。

1. 将猪前胛巴骨肉洗净，放入锅内煮至七成熟，取出切成薄片；水豆豉剁细，青、红尖椒切破，芹菜梗切成节，大葱切成节，干红辣椒切成节。2. 锅置旺火上，掺色拉油烧至六成热，下干红辣椒节炒香，下巴骨肉爆炒出油，然后下水豆豉、精盐炒入味，下尖椒、芹菜节、大葱节炒香，烹入料酒，下味精簸转起锅。

成菜特点： 微辣咸鲜，软糯可口。

注意事项： 要选用猪前胛扇子骨上的巴骨肉，该部位的肉多筋腱、脆骨，成菜软糯有嚼头。

烹制方法： 卤、炒

主料：巴骨肉250克　辅料：水豆豉150克　调料：青、红尖椒各10克　芹菜梗15克　大葱15克　干红辣椒2克　精盐5克　料酒15克　色拉油100克

酸汤巴骨肉

制 作 方 法

1. 巴骨肉切成块，放在卤水锅中加料酒、姜片、精盐煮熟。2. 泡萝卜、泡酸菜、泡姜切成片，泡红辣椒、野山椒剁细，青、红小米辣切成颗粒。3. 锅置旺火上，放猪油烧热，下泡萝卜、泡酸菜、泡姜炒出味，掺入鲜汤，下泡红辣椒、野山椒烧开，然后把金针菇、芋儿粉放入略煮，下巴骨肉烧开，下精盐、胡椒粉，撒上小米辣、葱花起锅。

成菜特点： 汤色金黄，酸辣可口。

注意事项： 此菜关键是味，一是炒泡菜时，火候不可过大，要将其味炼出；二是下鲜汤后，要略熬一会儿，熬出泡菜的酸鲜味。

烹制方法： 卤、煮

　材　料

主料：猪前胛巴骨肉 350 克　　辅料：金针菇 100 克 芋儿粉 100 克　　调料：泡萝卜、泡酸菜、泡姜各 50 克 野山椒、泡红辣椒各 25 克 姜片 25 克 青、红小米辣各 5 克 葱花 5 克 精盐 5 克 胡椒粉 5 克 料酒 15 克 卤水 2000 克 鲜汤 1000 克 猪油 100 克

菜 **品 介** **绍**

一张白纸，好画最新最美的图画。一款新的食材，厨师无不跃跃欲试，穷尽智慧让其在色香味上出彩，于是，酸汤巴骨肉出现了。

此菜搭配很有特色，几种酸菜熬汤，其酸辣爽口的复合味让人食欲大增回味无穷，配以卤汁浸煮的巴骨肉片，卤香与酸汤的复合香交织融汇，已经鲜香醇浓爽口了。但厨师意犹未尽，再配以脆嫩的金针菇、软糯的芋儿粉，鲜香醇浓中，有了嫩脆的清香，软滑的糯香。

金针菇含有的人体必需氨基酸成分较全，能增强机体的生物活性，促进新陈代谢。芋儿粉的营养也是十分丰富。可见此菜味美又养生。

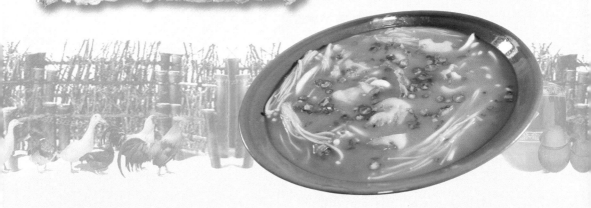

鲜笋炒风吹肉

菜品介绍

风吹肉，也就是盐肉，一般用半肥瘦的肉，经过选料、修整、抹盐、翻缸、风干等工序腌渍而成，是大众化的食品，能长期保存。盐肉蒸熟就可切片食用，不需加调料，味道自然天成。也可与其他食材配伍，味美可口。

竹笋是人们喜爱的绿色食品，它不仅滋味鲜美、肉质脆嫩、清香爽口，且含有多种营养素，堪称蔬菜第一品。竹笋除了本身具有清香味外，还有吸收其他食物鲜味的特点，如与别的物料合烹，则可构成更为鲜美的佳肴。

用竹笋炒盐肉，色彩淡雅，风味独特。

制作方法

1. 盐肉烧焦肉皮，用热水浸泡刮干净，放在开水锅中煮炻，捞出晾冷后切成片；鲜竹笋洗净，切成片入开水锅，加精盐煮5分钟捞出；老姜切成片；大蒜切成片，蒜苗切成马耳形，红尖椒切破。2. 锅置旺火上，放色拉油烧至五成热，下盐肉片炒出油，下姜蒜片、白糖炒转，下竹笋、红尖椒炒香，烹入料酒，下蒜苗簸转起锅。

成菜特点： 竹笋爽口清香，盐肉适口浓香。

注意事项： 1. 盐肉选三线盐肉为好。2. 鲜竹笋切片后要在开水锅中汆水去苦涩味。

烹制方法： 煮、炒

材料

主料： 盐肉250克　　**辅料：** 鲜竹笋150克　**调料：** 红尖椒10克　老姜10克　大蒜10克　料酒15克　白糖10克　蒜苗25克　精盐5克　色拉油50克

石板姜松排骨

1. 姜松制作方法：老姜洗净、拍破，搅打碎，入清水中淘洗，理出姜纤维，入烤箱中烤干，即得姜松。2. 排骨剁成10厘米左右的段，同大葱（切碎）、料酒、鲜酱油、蜂蜜拌匀码味。3. 白糖、盐、醋、红油、麻油、料酒、水淀粉兑成芡汁待用。小葱切花。4. 炒锅置火上，放入菜籽油烧至七成热，下排骨炸至色泽金黄时，滗出油，下芡收汁，起锅撒上姜松、小葱花即成。

成菜特点： 排骨油亮爽口，姜松如云开胃。

注意事项： 1. 炸制排骨要掌握油温，不可炸煳。2. 老姜搅打理出姜纤维后，也可用微波炉烤干。

烹制方法： 炸

主料：猪排骨500克　辅料：老姜200克
调料：大葱25克　小葱5克　鲜酱油10克
蜂蜜5克　料酒15克　精盐3克　白糖3克
醋3克　红油5克　麻油5克　水淀粉10克
菜籽油500克（实耗约25克）

中医认为，生姜是助阳之品，自古就有"男子不可百日无姜"之说。现在医学研究证明，生姜中的姜辣素进入体内，能产生一种抗氧化物质，它有很强的对付氧自由基的本领，比维生素E还要强得多。民间则有"早上吃姜，当喝参汤，中午吃姜，补药汤汤，晚上吃姜，当吃砒霜"之说。这是中医的"天人合一"学说。早上，太阳升起，人体的阳气也缓缓升起，此时吃姜，助阳气提升。中午，太阳当头，人体阳气布满全身，此时吃姜，能填补阳气不足。晚上，太阳落山，人体阳气潜藏，此时吃姜，强行将潜藏的阳气提升，违背自然规律，当然有害了。

干豇豆回锅肉

菜品介绍

要说最让巴渝人难以忘怀的一道菜，非"回锅肉"莫属。回锅肉起源杂说不一，有说是祭祀用料，怕浪费再回锅炒来食用的，有说是懒婆娘将炖肉切片炒而发明的。不论真假，但千年来，它与巴渝人家饮食生活结下的不解之缘，却是不争的事实。有人说：回锅肉意味着温暖、女人和家。有客自远方来，炒盘回锅肉；娘家来人了，来盘回锅肉；喜庆节日来临，满桌佳肴中，少不了的还是回锅肉。现如今厨师们为了迎合市民的口味要求，变着花样烹制回锅肉，甚至制作出了回锅肉系列菜式，着实让人大饱口福。干豇豆回锅肉闻着香，吃起来别有滋味。

制作方法

1. 猪前胛肉洗净，放入锅内煮至七成熟，取出切成薄片；水发干豇豆洗净，切成节，放在肉汤中加精盐浸泡至微软；蒜苗切马耳朵形，泡仔姜切成片。2. 炒锅置旺火上，掺入色拉油烧至五成热，放入猪肉片爆炒至微卷曲，下泡仔姜片，烹料酒略炒，加入郫县豆瓣、甜酱、酱油、白糖、鸡精炒入味。再放入干豇豆炒转，下蒜苗、味精起锅装入盘中即可。

成菜特点：肥而不腻，味浓鲜香。

注意事项：干豇豆一定要泡发至软方可，否则影响成菜口感。

烹制方法：煮、炒

材料

主料：猪前胛肉 250 克 　**辅料：**水发干豇豆 150 克 　**调料：**郫县豆瓣 25 克 甜酱 20 克 酱油 15 克 白糖 10 克 泡仔姜 10 克 蒜苗 15 克 料酒 15 克 精盐 3 克 味精 5 克 鸡精 5 克 色拉油 100 克

老盐菜回锅肉

1. 猪二刀腿肉洗净，纳碗，加姜片、料酒、葱节，放在蒸笼中蒸熟，取出晾冷，切成薄片。干盐菜洗净切成片，葱白切成马耳朵形。2. 炒锅置旺火上，下色拉油烧热后，放入肉片爆炒呈"灯盏窝"，烹入料酒、下酱油，豆瓣炒香出色，再下甜酱、白糖略炒，放入干盐菜、青尖椒、红尖椒、葱节爆炒，最后放味精炒匀起锅装盘。

成菜特点：味浓干香，咸鲜微辣，脆嫩爽口。

注意事项：老盐菜若咸味重，炒时可不再放盐，盐菜的咸味溢出，整锅都有味了。

烹制方法：蒸、炒

主料：猪二刀腿肉 250 克　辅料：老盐菜（盐菜头）150 克　调料：青、红尖椒各 10 克 姜片 15 克 红酱油 25 克 甜酱 10 克 精盐 3 克 味精 5 克 大葱 10 克 醪糟汁 25 克 色拉油 100 克

炒回锅肉有一个有趣现象：传统烹饪必加蒜苗，现唯有川西地区保持这一传统。但重庆人天马行空，没有蒜苗也炒。一年四季，各种带脆爽性的材料都能与回锅肉配伍。用莴笋头、胡萝卜、地瓜、茭白、豆干、大饼、芹菜、蒜薹、大葱……都可以炒制出不同风味的回锅肉。而且，这些菜加进去，反使回锅肉别具风味。以至于不少人吃回锅肉，不喜肉，反而更喜欢吃菜里的"翘头"。本菜一改回锅肉先煮后炒的传统烹制方法，把猪腿肉放在锅中蒸熟，然后切片炒农家老盐菜，将味浓干香、咸鲜微辣，脆嫩爽口融为一体，令人回味无穷。

香辣五花肉

重庆人喜吃辣椒，看着红艳艳的辣椒，精神大振，食欲大开。厨师也尽量投其口味，选用辣椒，烹饪出不同风味、不同食材的菜肴。据2007年统计，辣椒在全国的种植面积达两千多万亩，远远超过大白菜，而且呈有增无减的势头。可见，随着重庆火锅及江湖菜的兴起，辣椒的食用范围也扩大了。辣子系列菜因不同原料或不同调料，呈现出多种风味。

香辣五花肉是由辣子鸡的烹制法变化而来，它一改辣子鸡成菜色泽晦暗、底味不足、麻辣味过重的弊端。在用料上也颇为讲究，选用五花肉，下卤锅、入炒锅。选用川产二荆条辣椒、江津鲜青花椒、青尖椒，经急火爆炒，精烹细制，装盘后再撒上油炸花生米碎。成菜味浓醇香，辣而不燥，回味悠长。

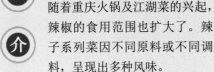 制 作 方 法

1. 五花猪肉洗净，放在卤水中卤熟入味，取出切成片，青尖椒对剖。2. 锅中烧油至六成热，下干姜、蒜片、干红辣椒节、干红花椒炸香，再把五花肉放入，加料酒、青尖椒、鲜青花椒翻炒，最后下蒜苗、味精、淋麻油、撒熟芝麻起锅。

成菜特点： 味浓醇香，辣而不燥，肉片鲜香，辣椒、花椒酥香，花生米脆香。

注意事项： 五花肉入卤水中煮时，不可煮得过于炖软，刚熟即可，否则没有弹性，影响口感。

烹制方法： 卤、炒

 材 料

主料：五花猪肉350克　辅料：干红辣椒节30克　调料：蒜苗25克　干红花椒10克　鲜青花椒5克　青尖椒10克　姜片蒜片各5克　卤水1500克　料酒25克　精盐2克　味精5克　麻油10克　熟芝麻3克　色拉油150克

小炒猪头肉

制作方法

1. 猪头肉治净，放入卤锅中，卤炻后捞出，改切成薄片；青、红尖椒切破，蒜苗切节。2. 炒锅置旺火上，下色拉油烧至六成热，下猪头肉爆炒，当肉片微卷曲时，烹入料酒，下仔姜片、尖椒、白糖翻炒，当香味溢出，下蒜苗、味精炒匀起锅装盘即成。

成菜特点： 猪头肉炻而滋糯，仔姜微辣，鲜青花椒清香。

注意事项： 1. 材料最好选用猪耳和猪拱嘴。2. 卤猪头时一定要卤炻。

烹制方法： 炒

  材料

主料：猪头肉 250 克　　辅料：仔姜片 150 克　　调料：青、红尖椒各 10 克　蒜苗 20 克　白糖 2 克　味精 5 克　料酒 25 克　卤水 2000 克　色拉油 100 克

 菜
 品
 介
 绍

　　小炒，在民间烹饪技法中就是随意炒的意思。来了客人，拿出家里现有的食材，随意炒点菜，虽然简单，却是由主妇精心烹饪。热乎乎香喷喷的小炒菜端上桌，温馨可人，情到味也到。

　　后来餐馆也借了这一手法，推出各种各样的小炒菜肴。

　　将猪头肉制作成凉菜，软绵滋糯，香味撩人，是一款极妙的下酒菜。小炒猪头肉，拓展了猪头肉在热菜中的用途，虽然是随意炒，但猪头肉炻而滋糯，仔姜微辣，鲜青花椒清香，色泽绿红黄褐相映，下酒佐饭皆宜。

双椒抹肉片

 **制 作 方 法**

1. 瘦肉洗净，切成片，同少许料酒、胡椒粉、盐拌匀码味。2. 青、红尖辣椒切节，干红辣椒切节，蒜苗切节。3. 炒锅置火上，放入菜籽油烧至六成热，下肉片用中小火慢慢煎，煎至两面变色，肉片酥脆出香，起锅待用。4. 炒锅置火上，放入麻油烧至七成热，下干红辣椒节、尖辣椒、仔姜片，炒出香味后，下煎好的肉片、鲜花椒、料酒、蒜苗、味精、鸡精，炒匀后起锅即成。

成菜特点： 干焦酥脆，香辣别致。

注意事项： 肉片不勾芡，直接用小火慢慢煎。

烹制方法： 煎、炒

菜 品 介 绍

北宋孟元老所著的《东京梦华录》有不少当时汴京开封城的饮食记述："……更有川饭店，则有插肉面、大燠面、大小抹肉片、煎燠肉、杂煎事件、生熟烧饭。"

这里透露了三个信息：一是早在北宋，就有川人到汴京开食店，说明当时的川菜，已经走了出去；二是当时的川菜，菜的种类其实是很少的，味型就更少了；三是当时大众化的饮食，比较简单粗糙，大都是以食材取胜，烹饪次之。

抹肉片，就是小肉片，意指剁肉切肉时，案板周围随处四溅的小肉片，随手抹起来，淘洗干净煎炒着吃。这款双椒抹肉片，就是依据古人所记，从江湖中淘来，将肉片煎得焦脆，再配以辛辣的双椒片，豪放大气，阳刚凛冽。

材 料

主料：猪瘦肉300克　辅料：青、红尖辣椒共50克　调料：干红辣椒10克　鲜花椒20克　仔姜15克　蒜苗35克　料酒25克　精盐3克　味精10克　鸡精5克　胡椒粉2克　菜籽油25克　麻油10克

干锅鸳鸯花菜

制　作　方　法

1. 腊肉切片，花菜、西蓝花切朵，青、红小米辣椒切马耳朵形，老姜切片，冬菜切粒。2. 炒锅置火上，放入化猪油烧至六成热，下腊肉片、干花椒粒、姜片，炒至肉片出香翻卷，下冬菜粒、料酒、花菜、西蓝花、精盐、味精、鸡精，炒至菜熟，转入干锅即成。

成菜特点：肉熏鲜，菜腊香。

注意事项：上桌吃时，如菜冷了，可加少许鲜汤，点火加热。

烹制方法：炒

材　料

主料：腊肉 500 克　　辅料：花菜 100 克　西蓝花 100 克　　调料：青小米辣椒 15 克　红小米辣椒 15 克　干花椒粒 5 克　老姜 10 克　冬菜 15 克　料酒 15 克　精盐 3 克　味精 10 克　鸡精 5 克　化猪油 75 克

菜
品
介
绍

　　腊肉炒花菜，是一道家常菜，也是农家菜，会做饭的家庭妇女，都会这道菜。特别是接近年关，正是花菜收获上市的季节，家里的腊肉也正好可以吃了，切一块腊肉，摘一颗花菜，腊香味弥浸在花菜颗粒中，腊香盈口。如果菜肴中再加个西蓝花，那就是中西合璧了。西蓝花营养丰富，含蛋白质、糖、脂肪、维生素和胡萝卜素等，营养成分位居同类蔬菜前列。原本是西餐用的菜，江湖厨师也拉它下"海"，裹一身腊香，一青二白三腊肉，青红辣椒成点缀，将菜肴装点得花团簇锦，看着养眼，嗅着提神，吃着香气直冲脑门。

腊肉炒米粉

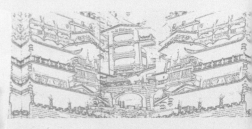

临近年关，走进乡村小镇，总能闻着弥漫在空气中的腊肉香味。这香味，常能勾起远方游子的思乡之情，也让回家过年的游子，发出内心的感慨：又闻到过年的味道了！这熟悉的味道，总能让人回忆起童年：母亲从菜地里拔来青翠的蒜苗，从灶顶上，取下一块熏得黑油发亮的腊肉，放在灶火里一阵猛烧，随着"吱吱"的声响，腊肉被烧得直冒油，而香味，就弥漫开来。孩子们就会欢快地蹦跳起来：过年了啰！吃腊肉啰！

这款农家风味的菜肴，被江湖菜厨师借鉴过来，带有韧性的腊肉，配伍的却是柔嫩的米凉粉，腊香味融进米凉粉里，裹夹着辣味，红红火火过年的味道就全出来了！在江湖菜里，"强扭的瓜"也甜。

1. 腊肉切成片，红小米辣椒切成马耳朵形，蒜苗切成节。2. 炒锅置火上，放入混合油烧至六成热，下腊肉片煎至色变出油，下红小米辣椒、米粉、盐、味精、料酒、蒜苗，炒匀起锅即成。

成菜特点： 腊香味足，柔滑糯鲜。

注意事项： 1. 腊肉最好是将皮烧泡，既能去残毛，也便于刮洗。2. 以农家自养的猪、自己熏制的腊肉烹制此菜肴，味道更美。此外，城口老腊肉也是上品。

烹制方法： 炒

主料：五花腊肉300克   辅料：米粉200克   调料：红小米辣椒25克 蒜苗25克   盐3克   料酒10克   味精10克   混合油25克

折耳根炒腊肉

 制作方法

1. 腊肉烧皮后刮洗干净，煮熟切成薄片。 2. 折耳根去掉叶、须根，淘洗干净，切成3厘米长的节，用精盐腌渍2分钟，再淘洗沥干水分待用。3. 姜切成片，干红辣椒切成节，野葱切成节。4. 炒锅置火上，放入混合油烧至六成热，下干红辣椒节、干花椒焖炒出香味后捞出。然后下腊肉片爆炒，呈"灯盏窝"时，下姜片、白糖、醪糟汁略炒，下折耳根、油酥干红辣椒、干花椒炒匀，下野葱和匀迅速起锅装盘。

成菜特点： 腊肉爽口，折耳根嫩脆。

注意事项： 也可不摘掉折耳根叶，连叶同炒。

烹制方法： 煮、炒

材　料

主料：半肥瘦腊肉250克　辅料：折耳根100克　调料：干红辣椒15克　干花椒20粒　野葱25克　姜、白糖、醪糟汁、精盐各适量　混合油25克

 菜品介绍

折耳根，又叫鱼腥菜，是南方地区常见的野菜之一。巴渝人对折耳根有特殊的喜爱，也谙熟它的不同功效。开春后，出外郊游时，自己在地里扯一些，或者从市场上买一些，清洗干净后，拌上酱油、醋、白糖、油辣子海椒、花椒面，再滴点香油，麻辣酸甜，鲜香盈口，特别开胃。到了夏天，若小孩子吃饭没有胃口，就用折耳根熬水给他喝，能消食开胃助消化。如小孩长痱子或生疮，就用折耳根配着几条鳝鱼，熬水给孩子喝，能去毒防长痱子。

凉拌折耳根，必须放醋和糖，有心人不妨一试，如不放这两样，也能吃，但涩味要重一些。酸和甜用在凉拌折耳根上，能提鲜。用折耳根炒腊肉，腊肉爽口带烟香，折耳根嫩脆呈异香，野葱碧绿发奇香，煳辣壳辣中有酥香！

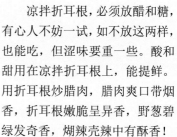

孜然炒烤肉

制　作　方　法

1. 羊肉切片，用少许料酒、盐码味；干红辣椒切节，小葱切花；莴笋叶洗净，切成丝入盘垫底。2. 将羊肉串在长竹签上，在炭火上烤熟，然后将竹签剪断，一片羊肉一截。3. 炒锅置火上，放入菜籽油烧至七成热，下干红辣椒节、烤羊肉、辣椒粉、花椒粉、孜然粉、料酒，炒匀后起锅入盘，撒上白芝麻、葱花即成。

成菜特点： 外酥里嫩，麻辣焦香。

注意事项： 烤时不宜过久，否则烤煳了会影响口感。

烹制方法： 烤、炒

菜　品　介　绍

　　孜然，这种东南亚和新疆地区常用的香料，走进重庆餐饮业，也是一个渐进过程。记得 1996 年，同几个朋友在泰山脚下一家餐馆吃饭。菜单上有葱爆驴肉，也有孜然驴肉，当时不明孜然为何物，就点了，想尝个鲜。结果端上桌，都吃不来这个味，及至席终，其他菜都用完，唯独这道孜然驴肉，几乎原封未动。

　　想来，不少重庆人，初尝这种香料，都有这个过程。烹饪菜肴用孜然，并普及孜然，是江湖菜厨师的一大功绩。也只有他们，敢剑走偏锋。

　　孜然的特性是越热越香，越辣越香，于是就将羊肉先烤香，再用孜然爆炒，让它香味充分溢出，成菜后色泽红艳，香辣鲜酥。

材　料

主料： 羊肉 350 克　**辅料：** 莴笋叶 50 克　**调料：** 干红辣椒 20 克　辣椒粉 10 克　花椒粉 10 克　孜然粉 15 克　小葱 5 克　熟白芝麻 2 克　料酒 25 克　精盐 3 克　菜籽油 30 克

孜香炒烤腰

制　作　方　法

1. 干红辣椒切节，老姜切丝。2. 兔腰洗净后，对剖两半，同少许料酒、姜丝、盐码味，用竹签穿上，在炭火上烤熟，取下入碗待用。3. 炒锅置火上，放入色拉油烧至五成热，下干红辣椒节，炒至出色出香后，下兔腰、花椒粉、红辣椒粉、料酒、孜然粉、麻油、花椒油，炒匀起锅即成。

成菜特点： 焦鲜浓郁，孜然香辣。

注意事项： 竹签子穿起烤兔腰时，火不可过大，避免烧煳烧焦。

烹制方法： 烤、炒

 材　料

主料：兔腰子250克　辅料：孜然粉15克　调料：红辣椒粉10克　花椒粉10克　干红辣椒20克　老姜10克　料酒20克　麻油5克　花椒油10克　精盐3克　色拉油35克

菜品介绍

烤炙，现在是较为普遍的烹饪手法。最早讲述烤炙的，是成书于周代的《礼记·内则》。此书记述周代人吃什么，不吃什么，主食、副食、饮料的名称与搭配，以及各种菜肴的制作及饮食的禁忌等，堪称中国古代第一部"食经"。里面有食螺、蚁卵、雀、蝉、蛙酱等，并将狗肝制作的肝膋（liáo），列为当时的八珍之一。且详细讲了其烹制方法。"肝膋：取狗肝一，幪之，以其菁濡炙之，举焦，其菁不蓼"。做法是：取一副狗肝，用网油将肝包起来，用菁（jiān，蜀葵）的汁滋润它，放在火上炙烤，网油焦了肝熟了即成，而且在炙烤时，不用加蓼（liǎo，草本植物，叶味辛，用以调味）。

且看这款先烤后炒的菜肴，用的是兔腰，两种烹饪手法并用，其味当然孜辣鲜香。

肝腰合炒

猪肝味甘、苦，性温，归肝经。猪肝富含蛋白质、卵磷脂和维生素 A 等营养元素，常吃猪肝，可逐渐消除眼科病症。过去艰难日子里，家里有人浮肿、患夜盲症等，都是想尽办法，买一挂猪肝，吃几次就好了。而现在，美味的东西多了，这不起眼的猪肝反被人忽视了。猪腰子味甘咸、性平，入肾经；有补肾、强腰、益气的作用。猪腰子炒韭菜、韭花、芹菜或辣椒，是家庭寻常的菜肴，美味且养生。由于猪腰子适合炒、爆、炸、炝、拌、汤，讲究火候，厨师考试多用此作为食材。肝腰合炒，是流行在大排档小酒家的一款随炒菜，该菜实际上是传统菜炒杂办的翻版，炒杂办用料有猪肝、猪腰、猪肚、猪肉片。肝腰合炒取其精华而制。成菜具有浓郁的乡土特色。

制作方法

1. 猪腰对剖去尽腰臊，切成凤尾形，猪肝切成片，西芹切成片，大葱切成马耳形，圆红豆瓣用刀铡细。2. 腰花、肝片加入精盐、水淀粉码味，精盐、味精、水淀粉在碗中兑成二流芡滋汁。3. 炒锅置旺火上，下油烧至六成热，下腰片、肝片炒至散粉发白，加入豆瓣、泡椒炒转呈红色，烹入料酒，下西芹、马耳形葱、姜蒜片，烹入二流芡滋汁，簸转起锅。

成菜特点： 咸鲜微辣，脆嫩鲜香。

注意事项： 1. 猪腰上的筋膜要撕去，腰臊要去尽。2. 炒肝腰要掌握好火候，急火短炒，保持鲜嫩脆爽。

烹制方法： 炒

材料

主料：猪肝 200 克 猪腰 200 克　辅料：西芹 100 克　调料：泡青、红辣椒各 50 克 圆红豆瓣 15 克 姜片 25 克 蒜片 15 克 料酒 15 克 精盐 5 克 味精 5 克 大葱 15 克 水淀粉 50 克 色拉油 200 克

江湖腰花

制　作　方　法

1. 猪腰剖开，去尽腰臊，剞凤尾花刀，加料酒、干淀粉、盐拌匀码味。2. 丝瓜切条，大蒜切米，老姜切片，大葱绾结，小葱切节。3. 炒锅置火上，放入少许油，烧至五成热，下老姜片、大葱结，炒香后加鲜汤，沸后捞去大葱节和老姜片，下丝瓜、蒜米，汤沸后下腰花、味精、鸡精，滑散断生即入盆。4. 炒锅置火上，放入色拉油，烧至五成热，下干青花椒，炼出香味略微变色，连油带花椒浇在菜上即成。

成菜特点： 腰花脆嫩，花椒香浓。

注意事项： 腰花码味时，淀粉不可多放。

烹制方法： 煮

材　料

主料：猪腰300克　辅料：丝瓜100克
调料：干青花椒50克　大蒜5克　老姜15克　大葱20克　小葱5克　干淀粉、精盐、料酒、味精、鸡精各适量　鲜汤500克　色拉油35克

菜 品 介 绍

腰花好吃，却难烹饪，难以掌握精准的火候。过之，腰花老绵，欠之，内里则生矣。相比之下，传统川菜厨师宁愿选择用腰花做汤。腰花切片码味后，待锅里水沸后，熄火，让沸后的水平息，待水温降至90℃左右，才放腰花及其他调料，待腰片烫熟后，起锅入盆。

烫熟的腰片用与之相同温度的水煨着，不易老绵，食之嫩脆细腻。

江湖菜厨师深谙此道，同样用此方法烫熟腰花，入碗后淋上炼后的花椒油和花椒粒，增香提鲜，麻得好此口味之人连呼过瘾！

芋儿烧酥肉

菜 品 介 绍

　　这是巴渝地区地道的家常菜，在农村地方尤其时兴。进入腊月，家家开始杀年猪。年猪肉除了做成腊肉外，也会切些五花肉，炸成酥肉存放起来。有客人来，用酥肉配上自家地里采的蔬菜、土豆、芋儿一起烧炖成菜。

　　这种接地气的做法，很受江湖菜师傅们的推崇，久而久之，芋儿烧酥肉也成了江湖菜的保留菜。

 制 作 方 法

　　1. 芋儿刮皮洗净，切块，老姜切片，小葱切花。2. 炒锅置火上，放入色拉油烧至五成热，下姜片、干花椒粒炒香后，下芋儿、酥肉、盐，炒转后下鲜汤，烧至芋儿㶽糯，下味精、鸡精起锅，撒上小葱花即成。

成菜特点：酥肉香软，芋儿糯鲜。

注意事项：酥肉可买现成的。如自己炸，方法是：去皮猪五花肉切成条，挂上由鸡蛋、淀粉、盐、干花椒粒兑成的蛋浆，在七成热油温中炸制而成。

烹制方法：烧

材 料

主料：酥肉 350 克　　辅料：芋儿 300 克　　调料：干花椒粒 5 克　老姜 10 克
小葱 10 克　味精 10 克　鸡精 5 克　精盐 3 克　鲜汤 500 克　色拉油 30 克

双椒肠头

1. 猪大肠洗净，放在卤水中（白卤）卤炟入味，取出，下油锅炸至表面金黄，起锅晾凉后切成菱形块；干红辣椒切成短节，青、红尖椒对剖。2. 锅置旺火上，掺色拉油烧至六成热，下干辣椒节、干青花椒炸香，下仔姜片、猪大肠炒转，烹入料酒，下尖椒、鲜青花椒炒香起锅。

成菜特点： 鲜辣醇香、外酥内柔，回味悠长。

注意事项： 1. 猪大肠要洗净，去掉附在肠上的油筋，去除异味。2. 猪肠卤制的炟硬程度，可根据食客的喜爱灵活掌握。

烹制方法： 卤、炒

主料：猪大肠 250 克　辅料：青尖椒 150 克　红尖椒 50 克　调料：仔姜片 50 克　葱节 25 克　干红辣椒 10 克　干青花椒 3 克　鲜青花椒 2 克　料酒 15 克　卤水 1500 克　色拉油 100 克

猪大肠性寒，味甘，有润燥、补虚、止渴、止血之功效。猪大肠适于烧、烩、卤、炸，如烧大肠段、卤五香大肠、炸肥肠、九转肥肠等。传统川菜"炸斑指"，曾是考量厨师手艺的一道名菜。

重庆火锅兴起后，广泛拓展了食源，肥肠以其软糯韧脆，久煮不溶，越煮越香糯的特点，成为火锅宠儿，身价与往日成天壤之别。

双椒，即青尖椒、红尖椒。双椒色泽红绿艳丽，口感鲜辣清香，是辣椒在烹饪中的最佳组合，素有"绝代双娇"的美称。

此款双椒肠头，先卤后炒，肠头煨进了卤香味，再渗入双椒的鲜辣味，脆糯黏香，余味隽永。

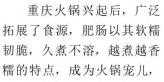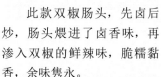

辣子蹄筋

菜品介绍

猪蹄筋中含有丰富的胶原蛋白质，能增强细胞生理代谢，使皮肤更富有弹性和韧性，延缓皮肤的衰老，并具有养血补肝、强筋壮骨之功效。传统川菜中的"蹄燕"，就是用猪蹄筋做的。

巴蜀地区民间认为，蹄筋有健腰膝，长足力的功效，家庭常以此为菜肴。四川作家李劼人创作于20世纪初的小说《死水微澜》就有："让邓幺姐把鱼和蹄筋做出来试试。我们也好换换口味。"将蹄筋煮熟煮炟，裹上淀粉下油锅定型后，再用红辣椒炒，香辣味浓霸气十足。最关键的是蹄筋，吃时如同咬冬瓜糖条，酥脆化渣，口感糯中带香辣。

制作方法

1. 干蹄筋用温水泡发，入加有五香粉、老姜（拍破）、大葱（绾结）、料酒（15克）、精盐（5克）的沸水中汆炟，起锅晾凉后，切成小节，均匀地裹上干淀粉待用；干红辣椒切节，仔姜切片，小葱切花。2. 炒锅置火上，放入色拉油烧至七成热，下蹄筋滑散，炸至金黄色捞起沥油待用。3. 锅留底油，烧至五成热，下干红辣椒节、干红花椒、青花椒、仔姜片，炒出香味后，下炸好的蹄筋、料酒、味精、盐，簸转后起锅入盘，撒上小葱花、熟花生、白芝麻即成。

成菜特点： 外酥里嫩，香辣味鲜。

注意事项： 油炸时切忌将蹄筋炸焦炸煳。

烹制方法： 汆、炸、炒

材料

主料：干蹄筋300克　　辅料：干红辣椒50克　　调料：干红花椒粒15克 干青花椒15克 仔姜15克 老姜25克 小葱10克 大葱25克 熟花生米5克 熟白芝麻2克 五香粉、料酒、味精、精盐、干淀粉各适量 色拉油500克（实耗约35克）

牛皮菜炒蹄筋

制　作　方　法

1. 干蹄筋用温水泡发，清洗干净后，入加有料酒、老姜、大葱节的沸水中汆熟，沥干水分待用。2. 牛皮菜去叶洗净，入沸水中汆熟，红、青小米辣椒切节，小葱切节，仔姜切片。3. 炒锅置火上，放入混合油烧至五成热，下红、青小米辣椒节，炒出香味后，下蹄筋、仔姜片、水豆豉、盐、料酒翻炒，然后下牛皮菜、味精、鸡精，簸转起锅，撒上小葱节即成。

成菜特点： 农家风味，软糯别致。

注意事项： 蹄筋一定要泡透泡软，清洗干净，入沸水一定要汆熟，牛皮菜也要汆熟。

烹制方法： 汆、炒

材　料

主料：干蹄筋 250 克　　辅料：牛皮菜 350 克　　调料：水豆豉 35 克　红小米辣椒 15 克　青小米辣椒 15 克　仔姜 15 克　小葱 10 克　精盐 2 克　味精 10 克　鸡精 5 克　料酒 15 克　花椒油 5 克　混合油 50 克

菜　品　介　绍

牛皮菜又叫厚皮菜，正名为恭菜，原产欧洲地中海沿岸，依叶柄颜色不同，分白梗、青梗和红梗三类。在灾荒年代，因其产量高，也成为活命的救命菜。经过灾荒年代的老一辈人都知道，牛皮菜切碎晒干，可以长期保存，吃时抓一大把，用水泡开，然后下锅，加点米可以煮菜稀饭，抓把面粉，就是菜糊糊。

现今牛皮菜成为人们的尝鲜菜肴。所有农家乐，几乎都有炒牛皮菜。但用牛皮菜炒蹄筋，则是罕见。蹄筋的软糯，裹着牛皮菜的清香，咀嚼中，仿佛闻到了田野的气息。

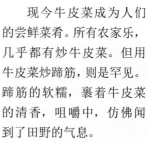

辣子橘红

制 作 方 法

1. 猪肝洗净，切片，同老姜（切片）、大葱（切节）、水淀粉、少许料酒、麻油拌匀码味，干红辣椒切节。2. 炒锅置火上，放入色拉油烧至七成热，下猪肝片炸至断生，滗去油，锅留少许油，下干红辣椒、干青花椒，炒至出色出香，下料酒、味精，炒匀起锅，撒上熟花生米、熟白芝麻即成。

成菜特点： 辣香软嫩，酥鲜盈口。

注意事项： 1. 水淀粉不宜放得过多，也不宜久炸，断生即可。否则，肝片就显得呆板硬糙了。2. 用牛肝、鸭肝也可。

烹制方法： 炸、炒

菜 品 介 绍

旧时，人们生活质量普遍不高，菜品单一，难得吃到荤食，易患夜盲症，即晚上看不清东西。这时，医生就建议：吃点猪肝吧，吃了就好。现在的人都知道，这是缺乏维生素A造成的。而猪肝除营养丰富外，更是富含维生素A。

现在的人营养不缺了，多了养生观念，知道猪肝胆固纯高，基本上与它"拜拜"了。其实，人体胆固醇过高，易患心血管疾病，但若胆固醇过低，易造成贫血，会降低人体的抵抗力。

猪肝作菜，烹饪手法不多，要么作汤，要么炒，也可涮火锅作肝羹，但腥味都较重。鉴于此，就有厨师将其先炸后炒，猪肝中渗进了辣椒的香辣，外酥里嫩，实为养眼之佳肴。

材 料

主料： 猪肝 350 克　　**辅料：** 干红辣椒 35 克
调料： 干青花椒 5 克　熟花生米 5 克　熟白芝麻 1 克　老姜 20 克　大葱 15 克　味精 10 克　水淀粉 25 克　料酒 25 克　麻油 10 克　色拉油 300 克 （实耗约 25 克）

辣子炒脑花

1. 猪脑洗净去血筋，切成 1.5 厘米大的块，用料酒、姜片、精盐码味 10 分钟，取出用干净纱布搌干，用干细淀粉上浆；红尖椒切破。2. 炒锅置旺火上，下混合油烧至五六成热，下猪脑花炸至微黄起锅。3. 锅中留油下干红椒节炸至棕红色，下干花椒炒香，然后放猪脑花、鲜青花椒、姜片、蒜片炒转，下入味精，红尖椒、葱节簸转起锅即成。

成菜特点： 外酥、内嫩、辣香。

注意事项： 炸猪脑时，切忌炸煳炸焦。

烹制方法： 炸、炒

主料：猪脑花 300 克　　辅料：干红辣椒节 50 克　干花椒 10 克　鲜青花椒 5 克　调料：红尖椒 3 克　姜片 8 克　大蒜片 5 克　料酒 10 克　精盐 4 克　味精 2 克　葱节 50 克　干细淀粉 15 克　混合油 150 克

猪脑性寒，味甘，益虚劳，补骨髓，健脑。按中医"以类补类"原理，有益肾补脑的作用。适宜体虚之人如神经衰弱、头晕、头眩耳鸣者食用。也可与肉苁蓉、菟丝子、熟地黄、山茱萸等配伍，以增强补肝肾、益精髓的作用。但它含胆固醇较多，故血脂过高、动脉硬化者最好不食用。一般体虚者哪怕是老人，偶尔吃一点，应该无妨健康。

猪脑不仅肉质细腻，鲜嫩可口，而且所含钙、磷、铁均比猪肉多。猪脑入馔多用煮、烧之法，但重庆人吃得最多的，应该是烫火锅。鲜见于炸、炒。辣子鸡出道以后，辣子系列菜式受到食客追捧，将猪脑花裹豆粉炸后加干红辣椒炒制，风味别具一格，成菜红白相间，诱人食欲。

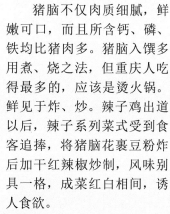

鲜蔬炒脆肠

制　作　方　法

菜品介绍

　　这是江湖菜中典型的"拉郎配"。按常规，猪肠之类的物件，极少同鲜蔬同烹。原因很简单：肠类物件腥味大，而且不易除尽，必须用辣椒、姜、花椒、胡椒等重料同烹，以压住腥味。

　　但江湖厨师就这样做了，而且效果极佳。可见，江湖菜厨师这个"媒婆"，摸透了儿肠的特性：腥味不大。确实，儿肠清洗不像大肠那么复杂，稍稍清洗，就能除尽腥味，而且用油爆炒后，腥味更是基本全无。

　　儿肠同茼蒿炒，并不需要大辣大麻，要的就是清新味儿，茼蒿的香气弥漫在脆肠上，鲜润脆嫩，婉约妙曼。

　　1. 儿肠洗净，切节。用少许料酒、老姜（拍破）、盐码味。2. 干红辣椒切节。仔姜节片，大蒜切片，小葱切节，茼蒿杆切节，红、青小米辣椒切马耳朵形。3. 炒锅置火上，放入混合油烧至五成热，下干红辣椒节、干花椒粒，炼出香味且辣椒色变时，捞出料渣，下儿肠、仔姜片、大蒜片、小米辣椒、料酒，炒至儿肠断生，下茼蒿杆、小葱节、盐、味精、鸡精，炒匀后起锅即成。

成菜特点： 脆嫩鲜香，清爽盈口。

注意事项： 此菜以清鲜为主，不宜太辣太麻。

烹制方法： 炒

材　料

主料：猪儿肠350克　　辅料：茼蒿杆100克　　调料：红小米辣椒25克　青小米辣椒25克　干红辣椒15克　干花椒粒10克　仔姜10克　老姜15克　大蒜10克　小葱15克　料酒25克　精盐3克　味精10克　鸡精5克　混合油35克

双椒脆肠

1. 儿肠洗净，切节，用少许料酒、老姜（拍破）、盐码味。2. 尖青、红辣椒切节，泡辣椒切破，泡姜切片，仔姜切片。3. 炒锅置火上，放入混合油烧至五成热，下泡辣椒、泡姜，炒至油温升高，出香味后，捞去料渣，下儿肠、仔姜片，断生后下尖辣椒节、鲜花椒、料酒、味精、鸡精，炒匀后起锅即成。

成菜特点： 椒香浓烈，麻辣爽口。

注意事项： 泡辣椒、泡姜只是炼其味，炼时不可炼煳了。

烹制方法： 炒

主料：猪儿肠 350 克　辅料：尖青、红辣椒各 50 克　调料：鲜花椒 25 克　泡辣椒 25 克　泡姜 25 克　仔姜 15 克　精盐 3 克　料酒 30 克　老姜 15 克　味精 10 克　鸡精 5 克　混合油 35 克

话说，卢郎同陈小林在南坪一家餐馆就餐，点了一道双椒脆肠，原以为是大肠头炒的，菜上来后，一尝觉得鲜辣脆嫩，但并不是大肠头。卢郎就问：这是肠头吗？一服务员回答是。两人仍然疑惑，卢郎再问，得不到准确的回答，索性端起菜，径直进了厨房，问厨师：这到底是猪哪儿的东西？厨师回答：猪的儿肠。再问儿肠长在猪哪儿？厨师回答卖的人叫儿肠，我也不晓得长哪儿。

回家后，卢郎查了资料，不禁哑然：果真是儿肠呀！难怪那么脆嫩，其实是相当于"牛羞"的东西，呵呵。

辣子排骨

菜 品 介 绍

猪排骨，自古就是巴渝地区人们的喜爱之物。南宋浙江籍诗人陆游，在四川为官达九年之久，对川菜兴味浓厚。晚年曾在《饭罢戏作》一诗中回忆："东门买彘骨，醢酱点橙薤。"彘（zhì）即"猪"，"彘骨"就是猪排。可见当时猪排是很受欢迎的食材。醢（hǎi）是那时用肉、鱼等制成的酱。薤（xiè）就是现在的藠（jiào）头。那时没有辣椒，陆游吃的猪排，是用肉、鱼制成的酱，加橙汁、藠头末拌匀作调料的。现成辣椒盛行，这款辣子排骨，就是香辣味型的辣子菜。

制 作 方 法

1. 排骨剁成5厘米左右的节，同大葱（切碎）、老姜（切片）、鲜酱油、五香粉、料酒拌匀码味。2. 干红辣椒切节，小葱切花。3. 炒锅置火上，放入菜籽油烧至七成热，下排骨，炸至色泽金黄起锅沥油。4. 锅留底油，烧至五成热，下干红辣椒节、干花椒粒、干青花椒粒，炼至出香出色，下排骨、味精、鸡精，炒匀出锅，撒上花生、芝麻、小葱花即成。

成菜特点： 香香辣辣，酥鲜诱人。

注意事项： 炼制干红辣椒时，掌握好油温，既要将辣味炼出，又不可将辣椒炼煳，否则影响美感。

烹制方法： 炸、炒

  材 料

主料：猪排骨500克　　辅料：干红辣椒50克　调料：干花椒粒5克　干青花椒粒5克　大葱15克　小葱5克　老姜15克　熟花生5克　熟白芝麻2克　鲜酱油5克　五香粉3克　料酒15克　精盐3克　味精10克　鸡精5克　菜籽油500克（实耗约25克）

干豇豆炒酸鲊肉

 **制　作　方　法**

1. 干豇豆泡发，切节，入沸水汆一水，沥干水分待用。2. 青、红小米辣切马耳朵形，蒜苗切节，干红辣椒切节。3. 炒锅置火上，放入色拉油烧至六成热，下酸鲊肉煎成二面黄，起锅待用。4. 炒锅放入化猪油，烧至五成热，下干红辣椒节、干花椒粒，炒香后，下干豇豆节、小米辣、炒好的酸鲊肉、蒜苗、料酒、鲜酱油、味精、鸡精，炒匀后起锅即成。

成菜特点： 鲊肉酸辣焦香，豇豆鲜辣微酸。

注意事项： 酸鲊肉做法：猪五花肉切片，加盐、胡椒粉、味精、醪糟汁、白糖、酱油、圆红豆瓣、甜酱、姜米拌匀码味，然后加入蒸肉粉，用清汤拌匀，再加入菜籽油、麻油拌匀，装入罐内，压紧，密封，七天后即成。

烹制方法： 煎、炒

 材　料

主料：酸鲊肉500克　　辅料：干豇豆35克
调料：青小米辣椒25克　红小米辣椒25克　干红辣椒5克　干花椒粒5克　蒜苗25克　鲜酱油、料酒、味精、鸡精、化猪油、色拉油各适量

菜　品　介　绍

　　过去，农村哪家不做干豇豆？那时，生产队的田种水稻，但田埂，却会划给社员，按家庭人口多少和田埂的长短，或一家三条，或两条。春天来了，农人会在田埂背脊处种绿豆或黄豆，田埂上面种豇豆。到了采收时节，一条十来米长的田埂，天天都能收一大背兜豇豆。细嫩的去卖，粗大的炒来自己吃，余下的就煮熟，晾干做成干豇豆。可以炖猪蹄，炖腊肉，也可以烧肉烧鸡。

　　江湖菜厨师深谙乡土美食的精髓，选用农村自制的干豇豆，与同样充满乡土气息的酸鲊肉同炒，干香与清香交织，织成一曲乡音绝唱。

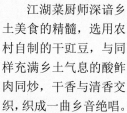

江湖肉片

制作方法

1. 猪里脊肉切片，同精盐、干淀粉、老姜片、料酒拌匀码味。2. 鲜红辣椒切节，黄豆芽洗净，入沸水中汆一水，沥干后入盆垫底。3. 炒锅置火上，放入鲜汤浇沸，下胡椒粉、肉片、味精、鸡精，断生即起锅，浇在黄豆芽上，再将辣椒面撒在上面。4. 炒锅置火上，放入色拉油烧至五成热，下干红辣椒、干花椒粒，炒至味出，辣椒色微变，连油带辣椒浇在肉片上，撒上葱花即成。

成菜特点： 肉嫩汤鲜，辣香味醇。

注意事项： 炼干红辣椒时，切忌炼煳，出香即可。

烹制方法： 煮、浇

主料： 猪里脊肉500克　**辅料：** 黄豆芽100克　**调料：** 鲜红辣椒50克　辣椒粉5克　干花椒粒10克　老姜片15克　干淀粉10克　料酒、胡椒粉、味精、鸡精、精盐、葱花各适量　色拉油50克　鲜汤500克

苔皮回锅肉

制作方法

1. 二刀腿肉洗净，放入锅内煮至七成熟，切成6厘米长、4厘米宽、0.5厘米厚的薄片；红苔粉皮切成与猪肉片大小相同的片，洗净后用肉汤泡软。2. 蒜苗切马耳朵形，鲜红辣椒切块，用少许精盐腌渍，泡姜切片，小米辣切粒。3. 炒锅置火上，放入色拉油烧至五成热，下猪肉片爆炒呈"灯盏窝"，下泡姜片、料酒略炒，下圆红豆瓣、甜酱、美极鲜酱油、白糖、鸡精炒入味。再放入红苔皮炒转，下鲜红辣椒、蒜苗、味精炒熟，起锅时下小米辣，装盘即可。

成菜特点： 猪肉鲜香醇浓，苔皮炻糯柔韧。

注意事项： 小米辣必须在起锅时下，才能保持它的生鲜辣味。

烹制方法： 煮、炒

主料： 猪二刀腿肉250克　**辅料：** 红苔皮200克　蒜苗50克　**调料：** 圆红豆瓣25克　甜酱25克　鲜红辣椒25克　泡姜15克　美极鲜酱油15克　小米辣5克　精盐、白糖、味精、鸡精、料酒、色拉油各适量

香辣回锅肉

制作方法

1. 猪腿肉刮干净，入沸水汆去血水，捞出晾干，趁热抹上醪糟汁和精盐，放入蒸笼中蒸至肉皮畑软，取出晾凉后，切成5厘米长、3厘米宽的薄片。2. 泡仔姜切成5厘米长的片，春卷一张切成两半。3. 炒锅置火上，放入混合油烧至六成热，下辣椒节酥炸呈金红色捞出。4. 然后下猪肉片爆炒呈"灯盏窝"，加入红酱油、豆瓣、白糖煸炒片刻，下冬笋片、泡仔姜、葱节翻炒出香味，下酥辣椒节、味精簸转起锅，配春卷皮上桌。5. 用春卷皮包上肉及菜食用。

成菜特点： 色泽美观，香辣味浓。

注意事项： 切不可将肉蒸得过分畑软，七八成熟即可。

烹制方法： 汆、蒸、炒

  材料

主料：猪腿肉500克　辅料：冬笋片50克　葱节50克　干红辣椒节25克　调料：泡仔姜50克　豆瓣10克　红酱油、醪糟汁、精盐、味精、白糖各适量　混合油50克　春卷皮20张

 菜

 品

 介

 绍

回锅肉起源于何时？恐怕没人能考证，它能成为第一川菜，有着地域、人文、食材等长时期的历史积淀。

回锅肉烹制方法简单，取材容易，成菜色泽美观，肥瘦兼有，味浓鲜香，微辣回甜，能适应不同年龄、不同阶层、不同地区、不同性别食客的口味。长年累月这一家常菜式就深入人心了，久不吃回锅肉会感到若有所失。香辣回锅肉是对传统回锅肉的改革，它一改回锅肉初加工的煮为蒸，使肉的鲜香味保留其中；二改回锅肉的微辣为香辣，提升该菜的鲜香味道；三改回锅肉的吃法，增添了餐桌上的乐趣。

五味东坡肉

制 作 方 法

中国文人喜好美食的不少，苏东坡就是极具代表性的人物之一。其创造的美食，大家耳熟能详的就有东坡肉、东坡肘子、东坡鱼、东坡饼、东坡羹等等。苏东坡有个特点，他每烹制一道菜肴，都要用诗或赋详细地记录下来。东坡肉是其贬到黄州时所作。他当时烹制的方法其实挺简单。将五花肉洗净后切成大块，下锅加盐、酱油、葱、姜、椒、糖等佐料，用文火把肉炖得酥烂，等水烧干收汁，肉色红艳即成。此肉满口醇香，糯而不腻，很受客人们的称赞。砂锅东坡肉，陪衬的辅料"水陆空"三军皆俱，且均是增香添鲜之食材，成菜后馥香醇浓，可与"佛跳墙"媲美。

1. 猪五花肉治净，入沸水汆去血水捞出，肉皮上抹甜酱。2. 金钩用水浸泡洗净，切成小颗粒，火腿切条，鱼肚切片，鸡肉切片，虾肉切米，后加胡椒粉、精盐、酱油、鸡精，拌匀入窝盘，再加少许鲜汤、料酒，呈五味窝盘待用；老姜切成米，芽菜切碎。3. 猪肉入油锅，炸至呈虎皮皱起锅，用刀把皮破割成2.5厘米宽长条形，然后皮朝下入碗，上面盖上芽菜、姜米。4. 将肉碗、五味窝盘入笼蒸约45分钟，将蒸熟的东坡肉倒扣在五味窝盘上，撒上葱花即成。

成菜特点：鲜香糯软，五味醇浓。

注意事项：炸肉皮时，要掌握油温，切忌炸煳。

烹制方法：炸、煨

材 料

主料：猪五花肉350克　　**辅料：**虾肉50克　鸡脯肉50克　金钩20克　火腿50克　水发鱼肚50克　芽菜50克　　**调料：**老姜25克　大葱25克　料酒30克　精盐、花椒、胡椒粉、味精、鸡精、化猪油、白糖、酱油、鲜汤、色拉油各适量

水煮烧白

1. 猪三线肉肉皮烙焦，治净，煮至六成熟捞出，趁热在肉皮上抹上甜酱、酱油，入油锅炸至肉皮呈棕红捞出。2. 冬菜洗净切末，加少量油下锅炒香待用。蒜苗切节，入窝盘内。3. 猪肉切成片，在蒸碗中按"一封书"定形，加干花椒粒、姜米、料酒、酱油，浇上醋，再装入冬菜，入笼旺火蒸炖取出，去掉上面的冬菜，沥去碗内的汤汁，翻扣在事先装有蒜苗的窝盘内。4. 锅掺油烧至六成热，下郫县豆瓣、姜米、辣椒粉炒至出色出味，下豆豉炒香，下鲜汤、胡椒粉、味精、料酒熬出味，去掉料渣，勾二流芡，起锅浇在烧白上，撒上刀口辣椒、蒜米。5. 锅内掺混合油，烧至七成热，浇在烧白上，撒上花椒粉上桌。

成菜特点： 软糯鲜醇，麻辣酥香。

注意事项： 炸猪肉皮时，切忌炸焦炸煳。

烹制方法： 氽、炸、蒸、浇

主料：猪三线肉 500 克　辅料：冬菜 100 克　蒜苗 100 克　调料：甜酱 50 克　郫县豆瓣 15 克　姜米 10 克　蒜米 5 克　酱油、豆豉、刀口辣椒、辣椒粉、醋、干花椒粒、味精、花椒粉、胡椒粉、料酒、鲜汤各适量　混合油 80 克

在江湖菜的烹坛上，猎奇、求新、求变的招式层出不穷，一些厨师更是剑走偏锋，把截然不同的烹饪方式糅合在一起，居然歪打正着，于是就形成了新的菜式。水煮烧白便是一例。20世纪90年代初，在重庆市烹调技术职称考核时，负责考生伙食的渝北宾馆李兴全师傅，发现每天做烧白的边脚料剩很多，扔掉又可惜。就借鉴火锅法，将这些边脚料切成片，用水煮肉片的方法调味成菜。不想菜一上桌，大家都赞不绝口。这种将蒸烧白，加上水煮方式烹菜，成菜后，既有传统烧白肥糯炽香的口感，又增加了麻辣味浓厚的特色。

香酥·烧白

   制 作 方 法

1. 猪三线肉治净，入沸水中煮至六成熟，捞出，揉干水汽，趁热用甜酱、酱油抹在肉皮上。2. 芽菜淘洗干净，切成末，下锅炒香；老姜切成米，花椒粉与精盐炒成椒盐蘸味。3. 炒锅置火上，放入混合油烧至七成热，肉块皮朝下放入，炸至呈棕红色、起皱时捞出，入沸水中略煮，捞起，切成6厘米长、2.5厘米宽的薄片，入蒸碗定碗，加入干花椒粒、姜米、酱油、料酒、醋、芽菜，上笼蒸熟。4. 蒸好的烧白用干净布揉干油汁，两片烧白间夹上芽菜，均匀拖上水淀粉，粘裹上面包糠。5. 炒锅置旺火上，倒入混合油烧至五成热，放入烧白片，炸至呈金黄色捞出，装盘同跳水咸菜上桌。

成菜特点： 外酥脆内鲜腴，焦香中有芽菜香。

注意事项： 此菜也可两次油炸，一次定型，二次上色。

烹制方法： 煮、蒸、炸

 菜 品 介 绍

江湖菜兴起之初，是靠刚猛的麻辣味刺激人们的味蕾，给人一种全新的感官刺激而备受追捧。但发展到今已有三十多年，再靠那种感官刺激已难以吸引客人。于是，翻新传统川菜，特别是一些受欢迎的传统川菜，就成为新的方向。这种翻新兼创造，可谓是层出不穷，做出来的菜肴，往往让食客耳目一新，口齿增香。

香酥烧白是某饭店最近推出的新品，颇受食客好评。此看运用两种烹制方法，工艺考究，成菜外酥脆内肥腴，焦香味中渗出一股芽菜浓郁的清香。

  材 料

主料： 猪三线肉500克　　**辅料：** 芽菜200克　**调料：** 老姜10克　酱油10克　干花椒粒20克　料酒30克　面包糠100克　花椒粉、醋、甜酱、精盐、水淀粉各适量　混合油1000克（实耗约100克）

三豆夹沙肉

制　作　方　法

1. 猪三线肉洗净入锅煮 25 分钟捞出，在肉皮上抹上红酱油，肉皮朝下入油锅，炸至皮皱起锅，晾凉后切成火夹片；黄豆沙、红豆沙、豌豆沙拌匀。2. 猪肉片中夹上三豆馅，放入蒸碗中，按"一封书"的形式摆排，两边再各镶一片。3. 糯米治净，与红豆、豌豆混合入锅煮熟捞出，拌上猪油、白糖、油酥黄豆，放在蒸碗中的肉片上垫底，入笼蒸 2 小时，白糖加蜂蜜水兑成蜜汁。4. 把蒸好的夹沙肉取出，翻扣在盘中，淋上蜜汁即可。

成菜特点： 肥而不腻，甜香软糯。

注意事项： 红豆、豌豆等须用温水浸泡透，入锅才易蒸熟。

烹制方法： 蒸

材　料

主料：猪三线肉 450 克　辅料：黄豆沙、红豆沙、豌豆沙各 100 克　红豆、豌豆各 50 克　糯米 150 克　油酥黄豆 50 克　调料：红酱油 15 克　猪油 50 克　白糖 50 克　蜂蜜水 150 克

菜　品　介　绍

夹沙肉，又叫甜烧白，是巴渝传统三蒸九扣菜式中的角色。一般夹沙肉是用红豆沙或绿豆沙作馅，三豆夹沙肉用红豆沙、黄豆沙、豌豆沙作馅，并用三豆加糯米饭打底，着实让人耳目一新。此菜营养丰富，搭配合理。红豆含有较多的皂角甙，对心脏病和肾病、水肿有益。豌豆含有丰富的维生素A，《本草纲目》载，豌豆具有"祛除面部黑斑，令面部有光泽"的功效。用豌豆粉洗浴，可除去污垢，面色光亮。黄豆蛋白质的含量比猪肉高 2 倍，其脂肪中不饱和脂肪酸较高，是动脉硬化者理想的营养品。此菜主料肥瘦相间，摆排整齐，炽糯甜香，诱人食欲。

江湖扣水墩

制作方法

1. 猪五花肉刮洗干净，放入沸水中煮至六成熟，捞出，揾干水汽，趁热用甜酱、酱油抹在肉皮上；老姜切成米，干红辣椒切成节。2. 芽菜淘洗干净，切成短节，下锅用少许油炒香，下干花椒粒、胡椒粉、干红辣椒节、姜米、料酒炒匀起锅待用。3. 炒锅置火上，放入混合油烧至七成热，将肉块皮朝下放入，待肉皮炸至呈棕红色、起皱时捞出，放入沸水中煮至断生，捞起，切成6厘米长、2.5厘米宽的薄片，肉的皮不切断，形成一块方墩肉；在蒸碗中定碗，上面放炒香的芽菜，上笼蒸熟，倒扣盘中即成。

成菜特点： 芽菜清香，肉软糯鲜。

注意事项： 肉片要做到肉断皮相连。

烹制方法： 炸、蒸

菜品介绍

过去，在巴渝农村，每逢红白喜事，常能看到数十席摆在院坝，一阵鞭炮响后，人们按辈分的高低，分坐于一张张桌旁，伸箸畅饮。不远处，垒起的土灶上叠着高高的蒸笼，热气腾腾，系着油迹斑斑围裙的厨师飞快地挥舞手中的锅铲或菜刀，一碗碗菜流水一样被端上桌子……这就是巴渝农村吃"九斗碗"的热闹场面。"斗"在四川方言里，意指大的容器，也有赞其菜多量足之意。行话叫做"三蒸九扣"（锅蒸、笼蒸、碗蒸，九个菜蒸好后倒扣在大碗内端上桌）。传统的"九斗碗"全是荤菜，后来也加了一些素菜，现在一些农村还有这样的宴席。江湖扣水墩就是从"九斗碗"席的烧白演绎而成。色泽棕红，芽菜喷香，不失为一款民间绝唱。

材料

主料： 猪五花肉500克　　**辅料：** 宜宾叙府芽菜200克　**调料：** 甜酱25克　鲜酱油30克　干花椒粒10克　老姜15克　干红辣椒10克　料酒15克　胡椒粉2克　混合油50克

荷叶粉蒸肉

制作方法

1. 五花肉洗净，切成6厘米长、2厘米宽的薄片。2. 圆红豆瓣剁细，老姜切米，大葱切花，芋头切粗块入沸水汆一水，捞出沥干水分待用。3. 猪肉片加盐，同胡椒粉、味精、醪糟汁、白糖、酱油、圆红豆瓣、甜酱、姜米拌匀码味，然后加入蒸肉粉，用清汤拌匀，再加入菜籽油、麻油拌匀，装入蒸碗内。装时要摆排整齐，成一顺风形，上面放入芋头块。上笼用旺火蒸1小时，待芋头软肉炽时取出，倒扣于垫了荷叶的小蒸笼上，上火蒸10分钟左右即成。

成菜特点： 肉质鲜糯，荷叶清香。

注意事项： 没有鲜荷叶，干荷叶、芭蕉叶均可。

烹制方法： 蒸

 材料

主料：猪五花肉500克　辅料：芋头300克　调料：蒸肉粉100克 醪糟汁50克 老姜、精盐、酱油、圆红豆瓣、甜酱、味精、胡椒粉、白糖、麻油、清汤各适量 菜籽油50克 荷叶1张

 菜

 品

 介

 绍

这是从"九斗碗"演绎而来的一道菜肴。

粉蒸肉，过去巴渝地区家庭主妇几乎都会做。家里打"牙祭"，除了回锅肉、红烧肉外，到了出土豆、红苕、芋头或嫩豌豆的季节，也会选用这些垫底，做粉蒸肉来吃。软糯鲜香的滋味，令不少游子哪怕过了几十年，回忆起来也是唇舌咂巴，眼帘里映出母亲忙碌着做粉蒸肉的情景。

这就是乡情、乡景、家乡菜情结。江湖菜厨师将这"情结"放大，用荷叶铺底，做成的粉蒸肉能让你透过荷叶，回忆起儿时在荷塘边垂钓，在荷塘里游泳，在荷塘里捕捉鱼儿的嬉戏情景。

黄花煮酥肉

 制 作 方 法

1. 猪五花肉切成条，用精盐、料酒、花椒、姜米码味10分钟。全青豆粉加鸡蛋调成浆糊状，然后把码味后的肉条放入拌均匀。2. 锅置旺火上，掺色拉油烧至六七成热，下肉条炸至金黄酥脆起锅。晾冷后切成厚片。3. 鲜黄花去花蕊洗净。黄豆芽去根须洗净。4. 锅再置火上，下猪油烧至六成热，下姜丝、花椒炒香，掺鲜汤烧开，放入酥肉、黄豆芽、鲜黄花煮熟，下精盐、胡椒粉、鸡精调味，转入汤碗，撒上葱花即可。

成菜特点：咸鲜清香，软脆适口。

注意事项：酥肉切记不可炸煳。

烹制方法：炸、煮

 菜 品 介 绍

酥肉是一道传统名菜，香酥、嫩滑、爽口、肥而不腻，在全国各大菜系中较为常见。

在川菜中，酥肉是传统席面中的打门锤菜品，"八大碗""三蒸九扣"中都少不了它。酥肉不仅可以烧、烩、蒸、炒，用来煮汤也很味美。它制作简单，易存放，家庭中大多炸制一些，吃时，将酥肉与木耳、豆腐、青菜等配料烹饪。色泽鲜艳、酥而不烂、肥而不腻、香气外溢。吃起来不仅味美汤鲜，而且营养丰富。

黄花也名萱草，百合科，多年生草本宿根植物的花蕾，含有丰富的蛋白质、胡萝卜素、铁等矿物元素，是席上珍品。黄花煮酥肉，让人从极为普通的家常菜中，体会到一种清新的乡土气息。

 材 料

主料：猪五花肉250克 **辅料：**鲜黄花50克 黄豆芽50克 **调料：**鸡蛋2个 全青豆粉120克 姜米5克 花椒15粒 姜丝10克 小葱花15克 精盐、鸡精、胡椒粉、料酒各适量 鲜汤1000克 猪油50克 色拉油750克

板栗烧肉

1. 猪肉洗净，切成5厘米见方的块。用料酒、姜片、葱节码味。2. 板栗入沸水汆一水待用，泡红辣椒剁成末，泡姜切成末，大蒜切成米。3. 锅置火上，掺色拉油烧至五成热，下肉块炸至吐油起锅待用。4. 锅留油少许，下泡椒末、泡姜末、蒜米、葱节炒香，掺鲜汤烧开，打去料渣，然后把猪肉块放入，下香料、料酒、酱油、胡椒粉、鱼露、鲍鱼汁、白糖烧约25分钟，放入板栗改用小火烧至猪肉软糯、板栗粉软，下精盐、味精，用水淀粉勾芡，淋入麻油起锅，分盛10只小碗即成。

成菜特点： 酥香软糯，鲜辣回甘。

注意事项： 猪肉要烧㶽，让滋汁渗进肉里，口感才好。

烹制方法： 烧

主料：猪五花肉 400克　辅料：去壳鲜板栗30粒　调料：泡红辣椒50克 泡姜25克 大蒜25克 姜片25克 料酒50克 大葱节50克 鱼露10克 鲍鱼汁15克 酱油、精盐、胡椒粉、味精、白糖、香料、水淀粉、麻油、鲜汤各适量 色拉油250克

板栗又称为栗子。它与红枣、柿子一起被称为"三大木本粮食"。板栗含有丰富的不饱和脂肪酸和维生素，能防治高血压病、冠心病和动脉硬化等疾病。具有健脾胃、益气、补肾、壮腰、强筋、止血和消肿强心的功用。板栗烧猪肉，用江湖菜主、辅料任意搭配加传统川式红烧肉技法，佐以外菜系的鱼露、鲍鱼汁等调味料，成菜肉皮颇有弹性，但不绵韧，肥肉有点果冻似的香滑润口，无须动齿，入口即化，瘦肉纤维酥嫩，感觉不到半点固体实感。板栗鲜甜粉软，融化于口中满嘴留香、荡气回肠。精髓在食材，关键在火候。这个江湖菜来了一个华丽转身，可以说是红烧肉的极致版本，绝对能登大雅之堂。

酸汤香辣肘

制 作 方 法

重庆菜肴发展至今，已很难在江湖菜与传统川菜之间，划上一道鸿沟或分界线了，两方都在互相取长补短。对于江湖菜来说，学的是传统川菜精湛的烹饪技术。而传统川菜，学的是江湖菜的精髓：重麻辣，味醇厚，好辛香和不拘形式大胆创新的手法。

这款酸汤辣香肘，就让你很难界定是江湖菜厨师做的，还是传统川菜厨师做的，它其实是两种菜的嫁接。根是传统川菜，枝叶是江湖菜。不管是哪种厨师做的，这道翻新传统川菜的菜肴，也烙上了深深的江湖痕迹：味醇厚，好辛香。该菜闻之香辣，诱人食欲，食之辣而不燥，麻而不酷，肘炮糯，酸菜清醇，集辣子鸡的香、酸菜鱼的醇、东坡肘子的软酥于一菜。

菜 品 介 绍

1. 猪肘治净，入沸水中氽一水，晾干后抹上酱油，放入六成热的油锅中炸至金黄捞出；酸菜切成条块，干红辣椒切节，大葱切成节，小葱切成葱花，老姜切片。2. 锅下少量油，烧至七成热，下姜片、葱节爆出香味，掺鲜汤烧开，下猪肘、精盐、胡椒粉、五香粉、醪糟汁，烧至猪肘六成炮。加入酸菜块、白糖、鸡精、掺清汤小火烧至猪肘炮糯，加入白醋、味精调味，起锅装盘。3. 炒锅置火上，放入菜籽油烧至八成热熄火；当油温降至六成热时，投入干红辣椒节炸至棕红色，再下干花椒粒炸香，然后连油带辣椒、花椒，淋在肘子盘内，撒上葱花即成。

成菜特点： 麻辣鲜香，提神醒脑。

注意事项： 宜小火慢烧，约烧120分钟即成。

烹制方法： 炸、烧

材 料

主料：猪肘1只（约1200克） 辅料：酸菜200克 调料：干红辣椒50克 干花椒粒15克 老姜20克 大葱50克 小葱15克 醪糟汁50克 五香粉、白糖、精盐、味精、鸡精、胡椒粉、酱油、白醋、鲜汤各适量 菜籽油100克 色拉油1000克（实耗约150克）

麻花红烧肉

1. 五花肉洗净，切成 2.5 厘米大小的小方块，入沸水中汆一水，捞出，拌入蜂蜜码渍；老姜拍破、大葱切节。2. 炒锅置火上，放入混合油烧至七成热，下猪肉块，炸至棕红色捞出。3. 锅留少量油，下姜块、葱节炒香，放肉块，烹入料酒、酱油、八角、丁香、桂皮等香料，加精盐、白糖，加鲜汤用旺火烧开，改用小火烧至猪肉六成𤆵，拣去葱节，投入花椒、干辣椒、泡辣椒等调料，烧至肉酥烂时，加味精、葱油，下麻花炒转即成。4. 也可盛入小锅仔内，撒上熟芝麻，配酒精炉点小火上桌。

成菜特点：色泽美观，味浓鲜香。

注意事项：炸制猪肉块时，切忌炸焦炸煳。

烹制方法：汆、炸、烧

　　重庆人对麻花情有独钟，创造了独特的麻花言子："麻花下酒——干脆"，"关系对了，麻花脆了"。有人抓住重庆人对麻花的特殊爱好，把麻花用来烫火锅。更有甚者，把麻花与肥大块一起"赴汤蹈火"，创制了麻花红烧肉，让两种风马牛不相及的原料共享调料的恩泽，成菜色泽美观，肉块𤆵糯，麻花绵扎，荤素兼备，味浓鲜香。

主料：猪五花肉 500 克　　辅料：油酥小麻花 150 克　　调料：干红辣椒 5 克　泡辣椒 5 克　干花椒粒 5 克　老姜 50 克　大葱 50 克　蜂蜜 20 克　八角、丁香、桂皮、精盐、味精、料酒、白糖、酱油、葱油各适量　混合油 500 克（实耗约 100 克）

铁板脆肠

  制　作　方　法

 菜
 品
 介

绍

　　猪的儿肠有个特性：无须掌握火候和时间，任你怎么炒或煮，都是脆脆的。爆炒，是脆嫩；卤制，是韧脆；烫火锅，是绵脆。只要把调料搭配好，做出来都是鲜香嫩脆爽口，所以一些餐馆都挺喜欢这种食材，烹饪出的菜品也受欢迎。按"阴阳五行"划分，儿肠是滋阴之物，现今不少男性欠缺的，恰恰是滋阴。如同田里的禾苗，太阳旺盛，而田里的水却干涸了，这苗当然长不好。

　　泡辣椒烹饪儿肠，色泽抢眼，采用铁板烧，热腾腾让人直呼过瘾。

　　1. 儿肠洗净，切节。用少许料酒、老姜（拍破）、少许盐码味。2. 洋葱切丝，入烤热的铁板烧盘垫底，西芹切节，泡姜切片，小葱切节。3. 炒锅置火上，放入色拉油烧至七成热，下儿肠，滑散后下红辣椒酱、泡辣椒、泡姜片、料酒，炒匀后下花椒油、盐、味精、鸡精、西芹节，簸转后起锅，盖在洋葱丝上即成。

成菜特点：脆嫩鲜爽，泡椒味浓。

注意事项：红辣椒酱：红尖辣椒、红小米辣椒剁碎后，加盐、料酒腌渍后，用色拉油炼，盛入坛中入冰箱保存，可随时取用。

烹制方法：炒

材　料

主料：猪儿肠 500 克　　辅料：西芹 50 克　洋葱 50 克　　调料：泡红辣椒 50 克　泡青辣椒 50 克　红辣椒酱 15 克　泡姜 15 克　小葱 10 克　花椒油 10 克　精盐 5 克　料酒 35 克　老姜 25 克　味精 15 克　鸡精 10 克　色拉油 100 克

袍哥发财手

制　作　方　法

1. 猪蹄烧去残毛，刮洗干净，砍成小块，放入沸水汆煮去血水，捞出；西芹切成节。干红辣椒切成节，白芝麻炒熟。2. 卤锅置于中火上，下清水、五香粉、姜块烧沸，然后下猪蹄卤至八成烂捞出。3. 炒锅置旺火上，倒入混合油烧至六成热，放入干红辣椒节炸呈棕红色，然后放入蹄花、花椒、姜片煸炒，待发出香味时，烹入料酒，下西芹节、泡辣椒继续翻炒至蹄花酥烂时，下味精、辣椒红油、花椒油起锅装盘，撒上熟芝麻上桌。

成菜特点： 色泽红亮，猪蹄烂糯辣香，西芹脆爽。

注意事项： 本菜最好选用猪前蹄，前蹄肉多骨少。

烹制方法： 炒

材　料

主料：猪前蹄 750 克　　辅料：西芹 150 克
调料：泡青、红辣椒各 15 克 干红辣椒 30 克 干青、红花椒各 10 克 姜片 10 克 辣椒红油 15 克 花椒油 5 克 味精 5 克 料酒 25 克 白芝麻 5 克 色拉油 100 克

菜
品
介
绍

发财手，指的是猪蹄。猪蹄为什么称为"猪手"，坊间有这样传言：猪蹄原名不叫"猪手"，俗名就是猪脚。要说善煲汤，非"老广"莫属，在广东有一饕餮特喜欢"猪脚汤"，每次煲汤之前，因喜猪蹄洁白，要握着把玩一阵，再入水中，煲汤之中又百厌不烦地慢煨翻弄。后一朋友开玩笑说：你真是"执子之手，与子偕老"啊！饕餮灵机一动，说对啊，就将猪脚汤叫做"猪手汤"！

从此"猪手"之称在粤港流传开来——此为戏言，不可当真。不过，现在内地受了岭南的影响，已习惯称猪前蹄为"猪手"，猪后蹄为"猪脚"了。

袍哥发财手采用复合调味法，先把猪蹄洗净，入卤锅卤制后，再用干辣椒、泡椒、花椒炒制。

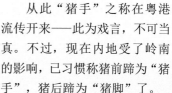

蕨粑炒蹄筋

菜
品
介
绍

　　蕨菜又名龙爪菜，它是山坡上生长的一种野菜。蕨菜嫩叶含胡萝卜素、维生素、蛋白质及多种微量元素。每年春夏时节，地上萌发出的青嫩茎有着特殊的清香味，又很少受环境污染，被誉为"山菜之王"。　蕨的根茎性味甘寒，除富含多种营养外，还有清热、滑肠、化痰等功效。牛蹄筋，是牛腿部的筋，鲜品和干品均可入馔。牛筋质地柔糯，富含胶质，多用于干烧、红烧、葱烧。蕨粑是用高山野生蕨根的淀粉，或煎或蒸精心加工而成的块状食材。该品含丰富的镁、锌、锗等微量元素，同时还具有清火解热的药用功效，既可当点心充饥，又可煎炒烹制成菜，也可以用来作炒菜的翘头，还可以用来炖汤。用牛筋与蕨粑搭配制作菜，牛筋软糯，蕨粑细腻，口感丰富，味道鲜美。

  制 作 方 法

　　1. 水发牛蹄筋切成条，入开水锅中汆一水；锅置火上，放入色拉油烧热，下葱节、姜片炒出香味，掺入鲜汤烧开，下蹄筋、酱油、料酒、胡椒粉烧至蹄筋炟糯入味起锅，晾冷后改切成节。2. 蕨粑切成块，青、红尖椒对剖，蒜苗切成马耳形。3. 锅置旺火上，掺色拉油烧至六成热，把牛蹄筋沾上水淀粉下锅炸至表面酥脆起锅；蕨粑下锅过油起锅。4. 锅内留少量油，下姜蒜片炒香，下牛蹄筋、蕨粑炒转，下尖椒、精盐、味精炒入味起锅装盘。

成菜特点： 脆爽软嫩，咸鲜味美，口感丰富。

注意事项： 炸制牛蹄筋时，切忌炸煳。

烹制方法： 炒

  材 料

主料：水发牛蹄筋 350 克　　辅料：蕨粑 200 克
调料：青、红尖椒各 25 克　姜片 25 克　蒜片 15 克　葱节 25 克　料酒 50 克　酱油 25 克　胡椒粉 5 克　蒜苗 15 克　精盐 5 克　味精 5 克　水淀粉 35 克　色拉油 250 克　鲜汤 1000 克

大白豆烧蹄筋

制　作　方　法

1. 干蹄筋用温水泡发,入沸水中汆一水;大白豆用温水泡发。2. 郫县豆瓣剁细,干红辣椒切节,老姜切片,小葱切节。3. 炒锅置火上,放入混合油烧至六成热,下郫县豆瓣,炒香后下干红辣椒节、姜片、干花椒粒、蹄筋、胡椒粉、料酒、红油、鲜酱油,炒转后下鲜汤、大白豆,烧至蹄筋炽软,下味精、鸡精,起锅撒上小葱节即成。

成菜特点: 色泽红亮,炽糯香辣。

注意事项: 1. 大白豆最好头天晚上就用温水浸泡,才易发透。2. 也可用啤酒来烧,别具风味。

烹制方法: 汆、烧

材　料

主料:干蹄筋 300 克　辅料:大白豆 150 克
调料:郫县豆瓣 50 克　干红辣椒 25 克　干花椒粒 10 克　红油 15 克　老姜 15 克　胡椒粉 3 克　味精 10 克　鸡精 5 克　料酒 25 克　鲜酱油 15 克　小葱 5 克　鲜汤 500 克　混合油 50 克

菜
品
介
绍

用蹄筋做菜,自有川菜以来就有之。红烧蹄筋,也是一道传统菜。将传统菜翻新,在口味上一反平庸,一反平衡,追求刺激,强调霸气,这也是江湖菜的特点之一。

大白豆形似腰子,按中医"以类补类、以形补形"原理,具有滋补肾脏功能。肾在五脏中属水,有滋养其他脏俯的功能。蹄筋富含胶原蛋白,有美容功效,偏偏烹饪得红亮香辣,吃得客人一头汗水,不过也好,浑身的毒素也随着大汗淌出,一天的劳累,工作的压力,所有的不愉快,也随之烟消云散。

瓦罐煨雪豆蹄花

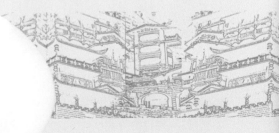

制 作 方 法

1. 大白豆淘洗干净，用清水浸泡12小时。牛肝菌洗净，切片。2. 猪蹄刮洗干净，一只蹄斩成四大块，锅置旺火上，掺清水，加花椒、八角、老姜、精盐烧开，把猪蹄放入，再烧开，下料酒煮几分钟，捞出用热水再洗一次；然后转入10只瓦罐中，新加姜片、葱节，放入白豆、牛肝菌，下精盐、胡椒粉、鸡精、味精调好味，盖上罐盖。3. 大瓦缸点燃枫炭火，把装有蹄花白豆的瓦罐码在大瓦缸内的铁架上，煨炖8~10小时后，即可取出瓦罐上桌。

成菜特点： 白豆软沙，蹄花炖糯，汤汁醇厚。

注意事项： 瓦罐一次加足水，中途不可再添加水。

烹制方法： 煨

菜 品 介 绍

　　瓦罐煨汤，以大肚瓦缸为灶具，用瓦罐为炊具，缸肚里的铁架上，小瓦罐排得整整齐齐。罐内鸡肉、鸭肉、排骨、蹄花，汤气蕴而不发。土质陶器，秉阴阳之性含五行之功效，精配食物加以天然矿泉水为原料，以硬质木炭火恒温传统式六面受热，缸中之罐的热量供应靠气传递，煨制达7小时以上。久煨而不沸，不施明火、不伤食材，使原料鲜味及营养成分充分溶解于汤中，汤汁稠浓、醇香诱人、口味独特。甚至端上餐桌还沸沸扬扬，香雾缭绕，可为就餐者增添热乎乎的亲和感。吃瓦罐煨汤，图的就是一个热闹。热闹的环境，热闹的吃法。

　　瓦罐煨雪豆蹄花汤汁浓酽、肉质炖香，白豆沙面，味道鲜美，营养丰富。

材 料

主料：猪前蹄10只　　辅料：大白豆300克　牛肝菌25克　　调料：姜块30克　姜片10克　干花椒粒5克　胡椒粉5克　鸡精5克　味精5克　精盐5克　料酒50克　大葱节30克

翡翠蹄筋

制作方法

1. 干蹄筋用温水泡发，清洗干净后，入加有料酒、老姜、大葱节的沸水中汆熟，沥干水分待用。2. 红、青小米辣椒切节，小葱切节，仔姜切片，大蒜切片。3. 炒锅置火上，放入混合油烧至五成热，下红、青小米辣椒节，炒出香味后，下蹄筋、仔姜片、大蒜片、盐、料酒翻炒，然后下味精、鸡精，簸转起锅，撒上小葱节即成。

成菜特点：色泽晶莹碧绿，质感软糯鲜香。

注意事项：蹄筋一定要泡透泡软，入沸水一定要汆熟。

烹制方法：汆、炒

 材料

主料：干蹄筋 250 克　辅料：嫩胡豆 100 克　调料：红小米辣椒 15 克　青小米辣椒 15 克　仔姜 15 克　大蒜 10 克　小葱 10 克　精盐 3 克　味精 5 克　鸡精 5 克　料酒 15 克　混合油 35 克

菜品介绍

胡豆也名蚕豆，又称罗汉豆、南豆、竖豆、佛豆，原产欧洲地中海沿岸，西汉张骞自西域引入中原，因由"胡人"地区引进，所以也称胡豆。胡豆含蛋白质、磷脂、钙、铁、磷、钾等多种矿物质，尤其是磷和钾含量较高。胡豆的食用方法很多，可煮、炒、油炸，制成胡豆芽，其味更鲜美，但巴蜀地区少有人这样做。胡豆是重庆人以前的最爱。干胡豆同沙石炒香，是以前过春节时家里才备的零食。嫩胡豆上市了，大多是煮后炒来吃。夏天将干胡豆泡软，剥去壳，同酸菜煮汤，是消暑健胃的佳品。嫩胡豆剥去皮，碧绿如翡翠；蹄筋保持其原样，形似白玉；成菜后形似翡翠与白玉，看着就令人心驰神往。

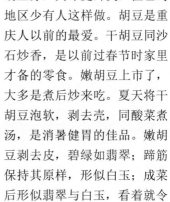

水煮蹄筋

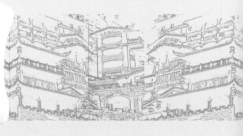

制　作　方　法

　　1. 干蹄筋用温水泡发，入沸水中汆一水；莴笋洗净，对剖切开，入沸水中汆一水，入盘垫底；黄葱切长节。2. 郫县豆瓣剁碎，干红辣椒切节。3. 炒锅置火上，放入混合油烧至五成热，下郫县豆瓣、老干妈豆豉，炼出香味后下鲜汤，沸后扫去浮沫，下辣椒粉、料酒、蹄筋，待蹄筋煸软后，下盐、味精、鸡精、黄葱节，起锅入盘。4. 炒锅置火上，放入色拉油烧至五成热，下干红辣椒节、花椒粒，出色出香后，浇在蹄筋上即成。

成菜特点： 色泽红艳，麻辣鲜香。

注意事项： 用鲜蹄筋也可，作法同上，但清洗时，一定要撕尽蹄筋上的油膜。

烹制方法： 汆、炒、煮

菜品介绍

　　自水煮鱼问世后，水煮系列菜品如雨后春笋，遍布大街小巷。这与重庆人的性格有关。重庆人豪爽，大气，粗犷而不讲究细节。表现在饮食文化上，喜欢率性自在，不喜拘束，宁愿坐露天大排档，也不愿屋内端坐。

　　水煮菜肴，就是顺应这一习性而走红的。蹄筋在红亮的汤汁里煮熟、煮煸，红油旺旺，煸糯爽口，佐以冰镇啤酒，让唇舌在冰火两重天里相搏，乃人生一大快意之事也！

  材　料

主料：干蹄筋300克　辅料：莴笋尖100克　黄葱50克　调料：郫县豆瓣75克　老干妈豆豉25克　干红辣椒节20克　干红花椒粒15克　青花椒10克　辣椒粉5克　精盐3克　味精10克　鸡精5克　料酒25克　鲜汤500克　混合油50克　色拉油25克

双果烧蹄筋

1. 青、红小米辣椒切马耳朵形，干红辣椒切节，老姜切片。2. 鲜蹄筋洗净，切3.5厘米长的段，加少许料酒、胡椒粉、姜片码味。3. 炒锅置火上，放入化猪油烧至七成热，下蹄筋、姜片、干红辣椒、干花椒粒，炒至断生，下料酒、鲜酱油继续烹炒至入味变色，下鲜汤、板栗、白果焖鲜汤，烧至蹄筋　软，下小米辣椒、盐、味精、鸡精，烧至汁干，起锅即成。

成菜特点： 蹄筋炟糯鲜香，板栗白果酥香。

注意事项： 此菜不用勾芡，自然收汁，所以火候要掌握好。大火烧沸后，改用中、小火慢烧。

烹制方法： 烧

板栗是坚果，有健脾胃、益气、补肾、强筋功效。重庆人从小就常吃，现在仍能在街头巷尾看到，炉上安一大锅，锅里放着用油炼过的粗砂或细石子，将火烧旺，然后将板栗投进去，不停地翻炒，炒熟后，直接从锅里捞出来卖。

白果，属滋补品，有滋阴养颜抗衰老作用。

双果烧蹄筋，是一道口味婉约的美味佳肴。

主料：鲜蹄筋300克　辅料：板栗150克　白果100克　调料：青小米辣椒25克　红小米辣椒25克　干红辣椒15克　老姜20克　干花椒粒5克　小葱10克　鲜酱油20克　料酒25克　精盐3克　胡椒粉3克　味精10克　鸡精5克　鲜汤500克　化猪油75克

瓦罐煨腊蹄

制 作 方 法

菜 品 介 绍

可以说自有川菜以来，就有猪蹄菜肴。在南宋，猪蹄还是祭祀和喜庆丰收盛宴上必不可少的菜肴。南宋诗人范成大曾在成都为官，他在《乐神曲》一诗写道："豚蹄满盘酒满杯，清风萧萧神欲来……老翁翻香笑且言，今年田家胜去年。"是说农人庆祝丰收吃猪蹄。在《秋日田园杂兴十二绝》里，也有"乾高寅缺筑牛宫，扂酒豚蹄醉土公"的描述。是说农人祭祀时上供猪蹄。

大白豆，是我国古老的一种名贵食用豆类，外形似"腰子"，亦称"白腰豆"。大白豆营养丰富，含多种对人体有益的微量元素，还具有滋阴、补肾、健脾、温中等功效。

此菜味美、汤鲜，营养丰富，是一款来自民间，又还原民间，带有原始野味，又腊香扑鼻的滋补佳肴。

1. 用火将猪蹄的皮烧焦，放入热水中浸泡，刮洗干净，一只蹄斩成四大块。2. 大白豆淘洗干净，用清水泡涨；老姜拍破，大葱绾结，干花椒粒用纱布包好，嫩黄豆洗净。3. 炒锅置火上，放入清水，下猪蹄烧沸，拣去血沫，放一半姜块、一半葱节、花椒包、料酒煮20分钟左右，转入瓦罐中。放另一半姜块、葱（弃花椒料包不用），加入白豆，下精盐、胡椒粉、鸡精、味精调好味，盖上盖。煨炖3~4小时后，下嫩黄豆，再煨约半小时即成，上桌时撒几粒枸杞。

成菜特点： 白豆炟软，蹄花腊香，汤汁醇香。

注意事项： 瓦罐一次加足水，中途不可再添加水。

烹制方法： 煨

材 料

主料：腊猪蹄6只　辅料：大白豆150克　嫩黄豆25克　调料：老姜35克　干花椒粒5克　胡椒粉5克　鸡精5克　味精5克　精盐5克　料酒50克　大葱30克

五香辣子蹄花

制　作　方　法

1. 猪蹄治净，砍成小块，汆去血水。入卤锅卤至六成炽捞出。2. 青、红小米辣切成圈，大头菜切成小粒，干红辣椒切成节，油酥花生米碾碎。3. 锅置旺火上，掺混合油烧至六成热，下干红辣椒节炸至呈棕红色，然后放入蹄花、大头菜、干花椒粒、姜片煸炒，待发出香味时，烹入料酒，下红酱油继续翻炒至蹄花酥炽时，下小米辣、味精、葱花起锅装盘，撒上油酥花生碎颗、熟芝麻上桌。

成菜特点： 色泽红亮，鲜辣、酥糯脆香。

注意事项： 斩猪蹄大小要均匀，易炽易入味。

烹制方法： 卤、炒

材　料

主料：猪蹄1000克　辅料：青小米辣、红小米辣各50克　大头菜100克　调料：干红辣椒10克　干花椒粒15克　红酱油50克　姜片10克　老姜25克　小葱花10克　五香粉50克　精盐、味精、白糖、料酒、油酥花生米、熟白芝麻各适量　混合油250克

菜品介绍

辣子鸡现在虽然有些沉寂，但辣子鸡掀起的红亮辣风，依然仗剑行天下。这"剑"，就是辣椒。"剑"风所指，辣风弥漫，辣子系列不仅走红于巴山蜀水，还走出秦岭、夔门，向外扩张，让国人都能领略到重庆的江湖菜肴，品尝重庆人热烈的辣风。漫画家丰子恺抗战时在重庆，画过一幅漫画：热烈的重庆。画中两个重庆人顶着烈日用辣椒下大曲酒。当时他大为惊讶，现在重庆人顶着烈日吃火锅，已是寻常事了。近些年，辣子系列菜肴，在走南闯北中不断总结，不断完善，除了干辣外，又有鲜辣加入，五香辣子蹄花就是采用复合调味法，先把猪蹄卤制后，再用小米辣炒制，成菜色泽红亮，炽糯辣香。

傻儿肠头

制 作 方 法

1. 卤肠头切成长5厘米、宽1.5厘米左右的条，杏鲍菇切成同样规格的条，洋葱切丝。2. 炒锅置火上，放入混合油烧至六成热，下卤肠头、杏鲍菇，炸至杏鲍菇色变，起锅沥干油待用。3. 炒锅中留少许油，烧至五成热，下小米辣椒丝、泡姜米、蒜米，炒出香味后，下卤肠头、杏鲍菇、料酒、精盐、鲜酱油、味精、鸡精，翻炒均匀后，下洋葱丝、葱节簸转起锅即成。

成菜特点：鲜辣酥香，味厚色鲜。

注意事项：油炸肠条和杏鲍菇时，油温要掌握好，切忌炸煳。

烹制方法：炸、炒

菜

品

介

绍

《傻儿师长》系列电视剧一经播出，立时名声大噪。"傻儿师长"，这个民国年间有着相同原型的人，也成为人们饭后茶余闲聊的对象。陈谷子烂芝麻的一些轶事，或牵强附会，或指天咒地，津津乐道地摆了出来。 据说"傻儿师长"在世时，最喜吃爆炒肠头，经年不变。想来也有些道理，作为四川人，又是袍哥人家，没有那些清规戒律，也不因身份爆涨而迷了本性，依然是真性情，喜爱这些民间菜肴也是常理。此菜，就是照"傻儿师长"常吃的方式烹饪，但大肠烹饪不易入味，厨师就两法合并，先将肠头卤制，给肠头煨足鲜香的卤味，再用辣椒烹炒，卤香裹着辣椒的香辣，鲜香异常，霸气十足。

材 料

主料：卤猪肠头350克　　**辅料：**杏鲍菇100克　洋葱50克　　**调料：**青小米辣椒丝15克　红小米辣椒丝15克　干红辣椒节15克　干青花椒粒10克　干红花椒粒5克　泡姜米10克　蒜米5克　葱节15克　料酒25克　精盐3克　鲜酱油5克　味精10克　鸡精5克　混合油500克（实耗约30克）

大藏干锅

制 作 方 法

1. 卤猪头肉切成片，卤猪大肠切成菱形块，干红辣椒切成节，青辣椒、红尖辣椒切成马耳朵形。2. 炒锅置火上，放入色拉油烧至六成热，下红薯条炸至色微变，捞起沥油待用。3. 锅中留少许油，烧至五成热下干红辣椒、猪头肉、尖辣椒、干花椒粒、猪大肠，炒匀后下料酒、精盐、红薯条、味精、鸡精、小葱节，簸转均匀起锅即成。

成菜特点：炽糯适口，香辣味浓。

注意事项：1. 红薯条切忌炸煳了，否则影响成菜质量和口感。2. 如用猪拱嘴，此菜更为爽口，但不可用猪耳朵。

烹制方法：炸、炒

  材 料

主料：卤猪头肉250克　卤猪大肠100克
辅料：红薯条100克　　调料：干红辣椒10克　青辣椒30克　红尖辣椒25克　干花椒粒10克　小葱5克　精盐3克　料酒15克　味精10克　鸡精5克　色拉油500克（实耗约25克）

 菜

 品

 介

 绍

此菜听"饭江湖"厨师说，原名"大动干戈"，后觉得江湖上"大动干戈"不是君子所为，改为"大藏干锅"。其实原名还好，将猪头肉大肠同烹，如是一头整猪，确实要大动干戈，砍了猪头还要剖腹取肠，还得治理，多累呀。

但"大藏干锅"意为何？可能觉得"肠"不雅观，故而取其谐音做"大藏干锅"吧。

但菜却香辣鲜香，大肠脆韧，猪头肉糯绵有质感，确实是藏于锅内的妙物。

沙嘴荤豆花

制 作 方 法

菜 品 介 绍

　　朝天门码头旧时到冬天，两江交汇处会露出一片沙滩，人称沙嘴。远近驶来的船，在此上下货物，于是沙嘴上搭建起了简易棚屋，成为重庆冬季货物集散地之一。于是"棒棒"来了、买货的商人来了，一时间贩夫走卒、船工闲人，将沙嘴填得满实满载。

　　有人就有生意。贩夫走卒、船工水手，最爱吃的是豆花饭，饱肚，有辣子蘸料，热豆花配油辣子，冬天也吃得满头大汗。偶尔有了钱，也炒两个荤菜，来二两老酒。但冬天炒的菜冷得快，老板索性将豆花与荤菜配在一起出售，并尽量选择价格低贱的杂碎之类。嘿嘿，没想到这却成了码头上走水之人的最爱。不过既有"豆花"二字，必须得有蘸碟，这款荤豆花，就是来自江湖，还原于江湖的革新菜。

　　1. 猪肉切片，鲜鱿鱼切块，牛黄喉切块，猪腰去臊切片。2. 西红柿切片，黑木耳泡发洗净撕小块，黄花泡发洗净，香菇切片，平菇撕小块，鸡腿菇切片，老姜切片，大葱切段。3. 青小米辣椒烧熟后，入对窝捣碎，成青椒蘸碟；油辣子海椒入碗成红椒蘸碟。4. 炒锅置火上，放入混合油烧至五成热，下老姜片、干花椒粒、大葱段，炼出香后捞出料渣，加入鲜汤，沸后下胡椒粉、豆花、西红柿片、肉片、鱿鱼、黄喉、黑木耳、黄花、香菇片、平菇、鸡腿菇、腰片、味精、鸡精、盐，沸后转入火锅锅内，连同蘸碟、炉子上桌即成。

成菜特点： 豆花绵软喷香，菜肴鲜糯脆爽。

注意事项： 鲜汤最好是用鸡、鸭、猪大骨、鱼头熬制，味道更为鲜美。吃完后，还可配其他菜肴，涮烫着吃。

烹制方法： 煮

材 料

主料：豆花1000克　辅料：半肥猪肉250克　鲜鱿鱼250克　牛黄喉250克　猪腰250克　西红柿1个　黑木耳30克　黄花30克　香菇50克　平菇50克　鸡腿菇50克　调料：老姜25克　干花椒粒10克　大葱25克　精盐7克　胡椒粉3克　味精25克　鸡精10克　青小米辣椒35克　油辣子海椒100克　鲜汤1200克　混合油100克

江湖上上签

1. 各种荤、素料按要求加工成长条形，然后用20厘米长的竹签分类串好，放入筐内，竹签头朝外，以便客人自由拿取。2. 郫县豆瓣绞蓉，干红辣椒切节，老姜切片，大蒜拍破。3. 锅置旺火上，掺入菜油烧至六成热，下郫县豆瓣煵炒出色出味，放入干红辣椒节、花椒、姜片、蒜瓣炒香，然后掺入高汤烧沸，放牛油、精盐、味精、料酒、醪糟汁、冰糖熬出味，分盛若干个小锅上桌，供客人煮食。

成菜特点： 麻辣烫鲜香。

注意事项： 可根据客人需求，锅里增加辣或麻。

烹制方法： 煮

主料：鸭肠、毛肚、黄喉、鸭肝、猪肉片、土豆块、海白菜、莴笋片、腐竹、豆干、午餐肉等　调料：郫县豆瓣150克　干红辣椒50克　花椒25克　老姜25克　大蒜25克　牛油100克　醪糟汁50克　冰糖25克　精盐10克　味精50克　菜油150克　料酒50克　高汤1500克

巴渝大地，无论是在城市，还是在集镇，大街小巷都有这样的自助型小火锅，灯光下摆着几张小方桌，桌上放有电炉或气炉，红红的汤汁在锅里"翻天覆地"，菜架上摆满塑料菜筐，筐内堆放着用竹签串好的荤素菜。无论荤素，价格一样，由食客自选自取自烫。人们称之为"串串香"或"麻辣烫"。

江湖上上签实际上是串串香、麻辣烫的精细化和高档化，且给它起了一个颇有口彩的名字——上上签。

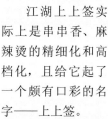

师爷腊肉

 制 作 方 法

1. 腊肉切片，入沸水中汆一水；年糕切片，红尖辣椒、青尖辣椒切马耳朵形，蒜苗切节。2. 炒锅置火上，放入色拉油烧至五成热，下小汤圆，炸至色黄熟透，起锅沥油，放入盘中垫底。3. 炒锅中留少许油，烧至六成热，下腊肉片，爆香出油后，下年糕片、红尖辣椒、青尖辣椒、蒜苗、料酒，炒匀后，下精盐、味精、鸡精，簸转即起锅，盖在小汤圆上即成。

成菜特点： 甜酥脆糯，腊香盈口。

注意事项： 炸制汤圆时，切忌炸煳了。

烹制方法： 汆、炸、炒

 材 料

主料： 腊肉 200 克 **辅料：** 年糕 50 克 小汤圆 10 个

调料： 青尖辣椒 5 克 红尖辣椒 5 克 蒜苗 15 克 精盐、味精、鸡精、料酒各适量 色拉油 500 克（实耗约 30 克）

水煮江湖

　　1. 牛毛肚切片，牛黄喉切开，鸭肠切成15厘米长的节。入沸水汆一水，沥干水分待用。2. 炒锅置火上，加入色拉油烧至五成热，下郫县豆瓣、老干妈豆豉，炼出香味后，下干红辣椒节、花椒，炒香后下鲜汤，沸后扫去浮沫，下辣椒粉、料酒，然后依次放入黄豆芽、藕条、海白菜、青笋条、牛黄喉、瘦猪肉片、牛毛肚、鸭肠，沸后下精盐、鸡精、味精，转入火锅锅内，撒上葱节即成。

成菜特点： 麻辣鲜香，脆爽盈口。

注意事项： 也可放在酒精炉上，边吃边烫涮其他菜肴。

烹制方法： 汆、炒、煮

主料：牛毛肚150克　牛黄喉150克　鸭肠150克　瘦猪肉片150克　　辅料：黄豆芽25克　藕条35克　海白菜35克　青笋条35克　　调料：郫县豆瓣75克　老干妈豆豉25克　干红辣椒节20克　干红花椒粒15克　青花椒10克　辣椒粉5克　小葱节5克　精盐3克　味精10克　鸡精5克　料酒25克　色拉油50克

腊香风味藕

　　俗语：栽秧拢谷，嘎嘎干饭。（嘎嘎是重庆方言，指肉）指这两个时节，劳动强度大，东家要提供好的伙食，丘二才卖力抢季节。

　　家里的稻谷要收割了，在外打工当厨师的儿子回来了，请了左邻右舍的人帮忙。赤日下，也没什么时鲜叶菜，无外是茄子南瓜辣椒冬瓜。老腊肉取下一块，从自家的水塘里挖一节莲藕，与腊肉同炒。简单的饭菜，帮忙的人都称好吃。厨师也仔细品尝了一下，腊肉香且不说，莲藕里也充盈了腊香味，吃起来别有一番风味。

　　谷子收割完毕，厨师也回到了城里，那些充满腊香的藕片，却时时在脑里萦绕，索性以此做出一款菜，取名腊香风味藕。

　　1. 腊肉洗净后切成片，熟莲藕切成长5厘米、宽2厘米的条，蒜苗切节，青、红辣椒切成马耳朵形。2. 炒锅置火上，加入清水，沸后下腊肉片汆一水，捞起沥干水分待用。3. 炒锅置火上，放入色拉油烧到七成热，下熟莲藕炸至色微变，起锅沥油。4. 炒锅内留少许油，烧至五成热，下腊肉片爆炒，出油后下青辣椒、红辣椒、藕条、蒜苗、姜米、料酒、精盐、味精、鸡精，簸转起锅即成。也可一片藕、一片腊肉、一节蒜苗摆成八角形上桌。

成菜特点： 腊肉鲜香，藕条味醇。

注意事项： 腊肉五花肉为好。莲藕去节切成片后汆熟。

烹制方法： 汆、炸、炒

主料：腊肉250克　熟莲藕250克　　辅料：蒜苗30克　　调料：红尖辣椒15克　青尖辣椒15克　姜米5克　蒜苗25克　味精、鸡精、精盐、料酒各适量　色拉油500克（实耗约20克）

苦藠烧肥肠

1. 猪大肠治净，入沸水加料酒、姜片汆一水，改切成菱形块。2. 苦藠洗净，泡辣椒、泡姜剁细，芫荽洗净切段待用。3. 锅置火上，掺混合油烧至六成热，下泡辣椒、泡姜煵出色炒出味，下猪肠炒上色，然后掺鲜汤烧开，下姜片、干花椒粒、精盐、老抽、白糖、料酒烧开，改用小火烧至猪肠八成熟时下苦藠。4. 当猪肠炟软入味，加入味精，推转起锅装盘，撒上芫荽即成。

成菜特点：肥肠糯滑，苦藠酥香。

注意事项：肥肠一定要清洗干净。

烹制方法：烧

材料

主料：猪大肠1000克　　辅料：苦藠250克
调料：泡红辣椒20克　泡姜20克　姜片35克
干花椒粒5克　芫荽25克　白糖、料酒、精盐、
味精、老抽、鲜汤各适量　混合油100克

刨猪汤

制 作 方 法

1. 猪大肠洗净，入锅加料酒、老姜煮炖切成滚刀块，猪肝切柳叶片，瘦肉切薄片分别加精盐用水淀粉上浆，猪血旺切成片，下锅余熟。2. 泡酸菜切成片，莲花白切成块。3. 锅置旺火上，放化猪油烧至五成热，下酸菜片、姜片、葱节煸香，然后掺鲜汤烧沸，拣去姜片葱节，下莲花白、红苕粉丝、水发木耳，加鸡精、味精、胡椒粉、精盐调味，然后把猪大肠、猪血放入，烹料酒稍煮，最后把肉片、猪肝放入煮熟，撒上小葱花上桌。

成菜特点： 肉片、猪肝、猪血细嫩爽口，汤鲜醇微酸。

注意事项： 也可加蘸味碟与汤同时上桌。

烹制方法： 煮

材 料

主料： 猪瘦肉 200 克 猪大肠 150 克 猪肝 150 克 猪血 500 克 **辅料：** 泡酸菜 100 克 莲花白 300 克 红苕粉丝 50 克 水发木耳 50 克 **调料：** 化猪油 200 克 大葱节 100 克 小葱花 25 克 老姜片 25 克 老姜 15 克 料酒、精盐、味精、鸡精、胡椒粉、水淀粉、鲜汤各适量

菜 品 介 绍

每年的冬腊月间，巴蜀农家就要杀年猪，老百姓过年的味道也从这个时候开始，变得越来越浓。在杀猪的当天，主人家往往会借机招待乡邻吃一餐饭，这餐饭便是人们俗称的吃刨猪宴。刨猪宴上刨猪汤是必不可少的。虽然，这刨猪宴目前在一些农村还能见到，但对于都市居民来说，却多少带有一些诱惑感和一些怀旧情结。

刨猪汤，在有的地方又叫余肉片汤，就是把肉片、猪血、酸菜、猪杂等煮在一锅而成菜，吃起来肉片、猪肝、猪血细嫩爽口，汤味鲜醇微酸，回味隽永。

飘香牛肉

1. 牛肉洗净，切成 0.2 厘米厚的片，加盐、姜片、蒜片、料酒码味 10 分钟，然后用水淀粉上浆，放在开水锅中滑熟捞出；干红辣椒切成节，青、红小米辣切成粒，大葱切成节。2. 锅置旺火上，掺色拉油烧至六成热，下泡红辣椒末、姜片、蒜片、葱节炒至出色出味，掺入鲜汤，下精盐、味精、胡椒粉熬出香味，下金针菇、牛肉片烧热起锅装盆，上撒小米辣粒、鲜青花椒。3. 锅中烧油至七成热，下干红辣椒节，起锅淋在牛肉片上即可。

成菜特点： 牛肉滑嫩，金针菇滑爽，辣椒飘香，汤味浓厚。

注意事项： 金针菇、牛肉加热时间都要短为宜。

盐肉烧春笋

1. 农家盐肉洗净，用清水浸泡 15 分钟，切成 2.5 厘米见方的块；春笋切成滚刀块，入沸水加少许盐汆两次去掉涩味；鸡翅去茸毛，剁成长 4 厘米的节，入沸水中汆去血水；老姜切成厚片，大葱切节。2. 炒锅置火上，放入混合油烧至六成热，下盐肉块炸至微黄色，起锅沥油待用。3. 锅留底油，烧至五成热下姜片、葱节煸炒出香味，下鸡翅、盐肉、春笋炒转，掺鲜汤烧开，下料酒、鸡精、胡椒粉、白糖、菌油，改用小火烧至盐肉皮㸆肉香，鸡翅酥软，淋上鸡油装盘上桌。

成菜特点： 肉香翅糯，春笋鲜脆。

注意事项： 如果盐肉过于咸，可多浸泡一会儿。

烹制方法： 炸、烧

主料：牛里脊肉 350 克　辅料：金针菇 50 克　调料：泡红辣椒末 20 克　姜片 15 克　蒜片 10 克　大葱 25 克　干红辣椒 10 克　青、红小米辣各 5 克　鲜青花椒 10 克　精盐 4 克　味精 5 克　胡椒粉 2 克　料酒 15 克　水淀粉 25 克　鲜汤 1500 克　色拉油 150 克

主料：农家盐肉 250 克　辅料：春笋 250 克　鸡翅 150 克　调料：老姜 15 克　大葱 25 克　鲜汤 500 克　菌油 10 克　鸡油 15 克　料酒、鸡精、胡椒粉、白糖各适量　混合油 350 克（实耗约 25 克）

翘脚牛肉

 菜 品 介 绍

江湖菜的一些菜名，真的让人不可捉摸。就比如"翘脚牛肉"是因为食客吃此菜时爱翘脚，还是宰牛时牛脚翘了起来？但此菜搭配颇为合理，牛肉富含蛋白质，有补中益气、滋养脾胃、强健筋骨的功效。苦蒿为渝、川、黔地区特产，是一种性味辛辣冲鼻、味道微苦的蔬菜，具有清热、降燥、排毒、养颜之功效。似乎是怕苦蒿将热清多了，故又在菜中加大了辣椒用料，让辣红素也渗进牛肉和苦蒿中，简单的一款菜，却彰显了厨师的良苦用心。

 制 作 方 法

1. 牛腩肉洗净，入沸水中氽一水，切成小块待用。2. 苦蒿洗净，剥去外皮待用；郫县豆瓣剁碎，圆红豆瓣剁碎，干红辣椒切节，老姜切片，大葱绾结。3. 炒锅置火上，放入混合油烧至六成热，下牛肉块、郫县豆瓣、圆红豆瓣、老姜片、干红辣椒节，炒至出色出味后，下大葱节、鲜花椒、料酒、鲜酱油，炒至牛肉色变，下苦蒿、鲜汤，沸后捞去料渣，烧至牛肉㸆软起锅即成。

成菜特点： 色泽红亮，肉质鲜香。

注意事项： 牛腩肉氽水，主要是除去血水腥味，水温不可过高，约90℃就行，冒泡即起锅，否则影响肉质口感。

烹制方法： 氽、烧

 材 料

主料：牛腩肉350克　　辅料：苦蒿50克
调料：郫县豆瓣30克　圆红豆瓣20克　干红辣椒20克　鲜花椒25克　料酒25克　鲜酱油20克　老姜20克　大葱30克　胡椒粉3克　味精10克　鲜汤500克　混合油75克

梯坎牛肉

制 作 方 法

1. 牛腩肉洗净，入沸水中汆一水，切成小块待用。2. 甘蔗切小节，郫县豆瓣剁成末，圆红豆瓣剁成末，小瓢儿白洗净，米豆腐切小块，干红辣椒切节。3. 炒锅置火上，放入混合油烧至六成热，下牛肉块、郫县豆瓣、圆红豆瓣、老姜片，炒至出色出味后，下大葱节、干花椒粒、料酒、鲜酱油，炒至牛肉色变，下鲜汤，沸后捞去料渣，下甘蔗节，烧至牛肉炝软，起锅将牛肉盛于碗内，汤留锅内。4. 将小瓢儿白、米豆腐下到烧牛肉的汤汁里，熟后盛入盘内，再将烧好的牛肉盖在上面。5. 炒锅置火上，放入菜籽油烧至六成热，下干红辣椒节，炒至出色出香，连辣椒带油，浇在牛肉上即成。

成菜特点： 牛肉香辣微甜，豆腐鲜柔嫩爽。

注意事项： 牛腩肉汆水时间不可过长。

烹制方法： 汆、烧

材 料

主料：牛腩肉 350 克　辅料：米豆腐 200 克　小瓢儿白心 4 个　甘蔗 1 节约（30 厘米）　调料：郫县豆瓣 30 克　圆红豆瓣 35 克　干红辣椒 35 克　干花椒粒、料酒、鲜酱油、老姜、大葱、胡椒粉、味精、鲜汤各适量　混合油 75 克　菜籽油 25 克

菜 品 介 绍

这款菜，让人想起唐代无名氏所作《云仙杂记》："蜀人二月好以豉杂黄牛肉为甲乙膏。非尊亲厚知不得而预，其家小儿三年一享。"说的是当时蜀人喜欢在二月里以豆豉与黄牛肉相烹，做成甲乙膏，亲朋好友才可品尝，自家孩子也是三年尝一次。怎么做的书中没有讲。我曾与厨师一起研究过，也将黄牛肉、黄牛筋煮至烂熟，夹豆豉压制浸酒后切成膏，或以豆豉与黄牛肉同卤等多种牛肉制品，都难达到理想效果。可见，一道菜肴，有时是很难捉摸其奥妙的。如同这款梯坎牛肉，不知放甘蔗是为了提味呢，还是作为梯坎摆盘，想不透，干脆不想，只管品尝吧。

风沙太婆牛肉

 制  作 方 法

菜品介绍

风沙好理解，面包糠经炒制，色泽像米色的沙子，那细腻灰白的色彩让人联想到河岸沙滩，也想到广袤的沙漠。这太婆就费思量了，莫非是一个老太婆烹饪此菜时，一阵风起，被沙尘迷住了双眼，错将剩余的面包糠下锅炒，误打误撞，成就了一款菜肴？可以顺着这个思路，想出很多偶然，这些偶然，就成了一个个故事。烹饪上的很多故事，大约都不离其左右吧。

但不管怎样，面包糠配以辣香的牛肉、酥脆的花生，口感极佳，味道极鲜。

1. 牛里脊肉片切成大块，加精盐、料酒、姜片、味精、码味 30 分钟，然后取出揾干，拍干细豆粉，拖上鸡蛋液，放在面包糠中使之两面均匀沾上面包糠；青、红尖椒切破。2. 锅置旺火上掺色拉油，烧至六成热，下牛肉块炸至金黄色起锅，改成条块；面包糠下锅加精盐、味精炒成细粒，起锅装在盘中垫底待用。3. 锅中留少量油，下干红辣椒节、花椒炒香，再把牛肉块放入，下尖椒、花生碎粒、黄豆炒转，最后加芫荽节、葱节起锅盛在炒好的面包糠上即可。

成菜特点： 麻辣咸鲜、外酥内嫩。

注意事项： 此菜炸制牛肉是关键，切不可炸煳。

烹制方法： 炸、炒

 材 料

主料：牛里脊肉 400 克　　辅料：青、红尖椒各 15 克　油酥黄豆 50 克　花生碎粒 10 克　　调料：干红辣椒 10 克　鲜青花椒 2 克　芫荽节 10 克　葱节 15 克　鸡蛋 2 个　料酒 15 克　姜片 15 克　精盐 10 克　味精 5 克　干细豆粉 25 克　面包糠 300 克

红汤筋头滑牛肉

制作方法

1. 牛肉洗净，切成大片，加精盐、料酒腌码 5 分钟后，用红苕淀粉上浆。2. 牛蹄筋治净，入卤锅白卤后切成滚刀块。3. 泡酸菜切片，泡仔姜切成丝，野山椒剁碎，干红辣椒切节，老姜切成指甲片，大蒜切米，大葱切节，红苕粉皮用清水发软，黄秧白洗净切块。4. 炒锅置火上，放入菜油烧至四成热，下郫县豆瓣、圆红豆瓣煵炒，当油色红亮时加入牛油、姜片、蒜瓣，继续煵炒至出香味。 5. 调料煵炒出色出味后，加进牛骨汤，用旺火烧开，下豆豉、料酒、精盐、冰糖熬至底味醇正后，放入干红辣椒节、干花椒粒熬出辣味，盛入火锅盆。6. 炒锅置火上，放入化猪油烧至六成热，下葱节爆香，然后放入酸菜片、泡姜丝、野山椒炒香，打去料渣，把牛肉片放入油锅滑熟，捞出沥去余油。 7. 火锅盆置火上烧开，放入红苕粉皮、黄秧白煮熟烹入料酒，下味精、鸡精调味，然后把牛筋、牛肉片放入，撒上蒜米。配随烫涮菜上桌。

成菜特点： 麻辣酸鲜、回味隽永。

注意事项： 若是干牛蹄筋，泡发时，可在温水里加入一小勺鸡精或料酒，拌匀后泡发，牛蹄筋味道更加别致。

烹制方法： 卤、炒、烫

菜品介绍

江湖菜的特色之一，就是"拉郎配"。细嫩的牛肉，与坚硬的牛蹄筋，一般人都想不到将它们"纠结"在一起。但江湖菜厨师敢想敢干，做到了，也成功了。红汤筋头滑牛肉，集滑爽、细嫩、炽糯于一锅，麻辣酸鲜，回味隽永，把牛肉菜式的特色发挥得淋漓尽致。

材料

主料：肥牛肉 250 克 牛蹄筋 200 克　辅料：红苕粉皮 150 克 黄秧白菜 250 克　调料：泡酸菜 150 克 泡仔姜 50 克 野山椒 25 克 老姜 25 克 干红辣椒 50 克 郫县豆瓣 50 克 圆红豆瓣 30 克 干花椒粒、大蒜、蒜瓣、味精、鸡精、料酒、精盐、豆豉、干红苕粉、冰糖、大葱各适量 牛骨汤 3000 毫升 菜油 100 克 化猪油 75 克 牛油 25 克

奇香牛排

制 作 方 法

1. 牛里脊肉片切成大块，用刀背拍松，加精盐、料酒、姜蒜水、味精、五香粉、豆豉末、辣椒粉、花椒粉、豆腐乳汁拌匀码味30分钟，然后取出揾干，拍干细豆粉。2. 锅置旺火上掺色拉油，烧至五成热，牛肉片裹上鸡蛋液，放在面包糠中使之两面均匀沾上面包糠，下锅炸至金黄色起锅，改成条块装盘。3. 锅中留少量油，下干红辣椒节、花椒炒香，下花生碎粒、小葱花炒转起锅，盛在牛排上即可。

成菜特点： 外酥内嫩、奇香适口。

注意事项： 炸制时掌控好油温，切不可炸焦炸煳。

烹制方法： 炸

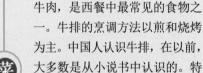

菜 品 介 绍

牛排，或称牛扒，是块状的牛肉，是西餐中最常见的食物之一。牛排的烹调方法以煎和烧烤为主。中国人认识牛排，在以前，大多数是从小说书中认识的。特别是看到竟然有客人对侍者说：煎五成熟或七成熟牛排，更大为惊异：天哪，还有这种吃法！那还是血淋淋的呀！

改革开放后，人们生活水平提高了，国内也有了西餐店，国人才有机会品尝这一舶来美食。

改革开放也促进了中西烹饪文化的交流，市场流通扩大了烹饪原料的来源。江湖菜在广泛吸纳粤、淮、鲁菜系技艺及西方烹调、东洋料理长处的基础上，不断创新发展。香辣牛排就是一款中西合璧的创新江湖菜，这款菜成形美观，色泽棕红，质地外酥香、内嫩爽，味道辣香。

材 料

主料：牛里脊肉500克　辅料：花生碎粒50克　调料：鸡蛋（液）3个 料酒25克 姜蒜水25克 精盐7克 味精5克 五香粉2克 豆豉末5克 花椒粉3克 辣椒粉5克 豆腐乳汁15克 干细豆粉25克 面包糠100克 干红辣椒节15克 花椒5克 小葱花5克 色拉油500克（实耗约35克）

香茅草炒牛肉

 制作方法

1. 将牛肉漂洗干净，切成大长方块，用木槌捶松，加料酒、精盐、辣椒粉、花椒粉、蒜泥腌渍半小时，然后用香茅草（50克）捆扎，用竹片夹住，放在炭火上慢慢烘烤至熟。2. 烤牛肉切成片，香茅草切成节，杏鲍菇切成片。3. 炒锅置火上，下色拉油烧至六成热，下干辣椒节、干花椒炸至棕红，下蒜片、杏鲍菇、牛肉、香茅草炒出香味起锅。

成菜特点： 鲜香滋嫩，爽口奇香。

注意事项： 烤制牛肉时，掌握好火候，切忌烤煳烤焦。

烹制方法： 烤、炒

香茅草是生长在亚热带的一种茅草香料，散发出一种天然浓郁的柠檬香味，有和胃通气、醒脑催情的功效。香茅草在烹饪过程中，经酯解香味尤为浓郁。

傣家人最爱用香茅草做调味料。取山野鲜香之味，圆饕餮美食之梦。用香茅草烤牛肉本来就是一道好菜，这里把烤牛肉切片再次入锅，加杏鲍菇、鲜香茅草爆炒，香味与鲜味叠加，成菜肉香菇爽，香气扑鼻，令人难以忘怀。

 菜 品 介 绍

 材 料

主料： 牛腱子肉500克　**辅料：** 香茅草65克　杏鲍菇150克　**调料：** 精盐7克　辣椒粉5克　花椒粉4克　蒜泥25克　干红辣椒节10克　干花椒20粒　蒜片5克　料酒25克　色拉油100克

酸汤肥牛

 菜 品 介 绍

牛肉含有丰富的蛋白质，氨基酸组成比猪肉更接近人体需要。中医认为：牛肉有补中益气、滋养脾胃、强健筋骨等作用，能提高机体抗病能力。"肥牛"不是指肥的牛肉，而是大理石花纹丰富，不论涮还是烤都能达到瘦而不柴、肥而不腻效果的牛肉，是一种优质牛肉。

这款菜肴是酸菜系列之一。自酸菜鱼问世以来，衍生出各式各样的酸菜菜肴。用酸菜熬汤烹饪牛肉，做出的肉片鲜酸微辣，肉质婉约嫩爽。正暗含江湖菜的特点：意料之外，情理之中。

制 作 方 法

1. 牛肉切片，加精盐、干淀粉、料酒拌匀码味；莴笋头切条，入沸水汆熟入窝盘垫底。2. 泡萝卜切丝；泡青菜切片。3. 炒锅置火上，放入混合油烧至六成热，下泡萝卜、泡青菜、泡青辣椒、泡红辣椒、泡姜片、野山椒、泡辣椒酱、葱节，炒香后下鲜汤，熬出味后，捞出料渣。4. 锅里下码好味的牛肉，熟后下胡椒粉、味精，起锅倒入窝盘，撒上葱花、尖椒圈即成。

成菜特点： 酸香微辣，提神醒脑。

注意事项： 牛肉不可久煮，断生即可。

烹制方法： 煮

材 料

主料：肥牛肉350克　辅料：莴笋头50克
调料：泡萝卜35克　泡青菜25克　泡青辣椒20克　泡红辣椒20克　野山椒10克
泡辣椒酱20克　泡姜片、葱节、小葱花、青尖椒圈、红尖椒圈、料酒、精盐、味精、胡椒粉、干淀粉各适量　鲜汤750克　混合油35克

锅巴牛肉

1. 牛肉洗净，放在卤水锅中加料酒、老姜，煮至炻软，捞出晾凉，用刀切成薄片。大葱洗净切成葱丝。2. 锅巴用手掰成小片。锅置火上掺色拉油烧至六成热，下锅巴炸至金黄酥脆，捞出待用。3. 把酱油、香醋、白糖、味精、红油辣椒、花椒粉放在盆中调和均匀，然后把牛肉片、锅巴、葱丝放入拌均匀装盘，最后撒上熟芝麻即可。

成菜特点： 锅巴酥脆喷香，牛肉麻辣爽口。

注意事项： 1. 炸锅巴时要掌控好油温，切不可炸焦糊，否则影响菜肴质量。2. 煮牛前腱子肉时，加入料酒、老姜，去除牛肉的腥味。

烹制方法： 煮、炸、拌

主料：牛肉500克　辅料：锅巴100克
调料：老姜20克　料酒25克　红油辣椒50克　大葱20克　花椒粉、酱油、香醋、白糖、味精、熟芝麻、卤水各适量　色拉油500克（实耗约50克）

锅巴，是煮大米饭剩下的"副产品"。过去民间煮饭，多为煮"焖锅饭"，把米放在锅内，掺适量清水，锅下生火，当锅里的米刚煮断生，盖严锅盖，去掉主火，留余火把米饭烘烤至熟。饭熟以后，紧贴锅的那一层米饭因直接遇热，结成焦黄的干块，对这种大米饭干块，各地的叫法不一样，华南称为"饭焦"，华东叫做"饭糍"。"锅巴"是巴蜀及华中、西北部分地区的叫法。

锅巴牛肉就是为了迎合人们的生活习俗，新近推出的一款江湖风味菜。其风味独特，鲜香醇浓并重，麻辣辛香泽润，牛肉柔香，锅巴酥脆，最为适宜佐酒。

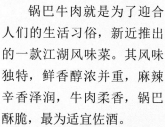

煳辣毛肚

制作方法

1. 鲜毛肚洗净，顺褶皱改成长10厘米长片。放在开水锅中加姜片、料酒汆水，捞出沥干。2. 干红辣椒切成节。大葱切成马耳朵形。3. 锅置旺火上，掺混合油烧至五成热，下干红辣椒节、干花椒粒、姜、蒜片煸炒出香，下毛肚快速炒转，然后加料酒、红油、胡椒粉、味精、精盐调味，用水淀粉勾玻璃芡，下葱节，簸转起锅装盘。

成菜特点： 麻辣味浓，脆嫩鲜香。

注意事项： 毛肚汆水后，应立即放入冰水中漂凉。

烹制方法： 汆、炒

材料

主料：鲜毛肚250克　　辅料：大葱50克　　调料：干红辣椒25克　干花椒粒10克　姜片10克　蒜片10克　红油、胡椒粉、味精、精盐、料酒、水淀粉各适量　混合油50克

茶树菇炒羊杂

1. 羊杂洗净，入沸水氽水，然后卤至刚熟起锅；茶树菇洗净切节，青、红尖椒切破，干红辣椒切节，老姜切片，大蒜切片。2. 锅置旺火上，倒入色拉油烧至六七成热，下羊杂过油起锅，再把茶树菇下锅过油起锅。3. 锅中留少量油，下干红辣椒、干花椒、姜片、蒜片炒香，放羊杂炒转，下料酒、孜然粉、味精、尖椒稍炒起锅。

成菜特点：干香细嫩，营养丰富。

注意事项：羊杂氽水，目的是去血腥异味，不可久氽。

烹制方法：卤、炒

在巴蜀地区有"要长寿，吃羊肉"的谚语。羊杂较羊肉营养成分更丰富，常吃羊杂可以提高身体素质。

茶树菇是一种高蛋白、低脂肪、无污染的食用菌。用它与羊杂同烹，其成菜干香细嫩，营养丰富。

主料：羊肚、羊肝、羊肠各 150 克　辅料：茶树菇 50 克　青、红尖椒各 15 克
调料：干红辣椒 10 克　干花椒 3 克　老姜 15 克　大蒜 10 克　孜然粉 3 克　小葱 50 克
味精 5 克　料酒 15 克　色拉油 150 克　卤水 3000 克

布衣泡椒兔肚

制 作 方 法

菜 品 介 绍

近年在重庆，吃兔肉之风越来越盛行，坊间关于兔肉的吃法也有N多种，水煮兔、烧烤兔、青椒兔、酸汤兔……

"泡椒兔肚是我们又一道特色菜。""布衣印象"老板毕文忠说，"兔肚脆爽滑嫩，具有养胃补虚之效，配以泡椒和芹菜，既好吃又滋补。"

夹一块兔肚入口，乳酸微辣味夹杂着芹菜的清香，兔肚特有的脆爽滑嫩在口腔中撩拨。这里选用泡椒和芹菜节为主要调辅料，兔肚脆爽可口，泡椒味鲜香自然。毕老板告诉我们，制作泡椒兔肚的诀窍，除了火候要拿捏得好以外，主要的是泡椒要够好（据说泡椒是毕老板自己用大坛泡制的），那才绝对是久违的乡土味道。

1. 把鲜兔肚治净，芹菜梗切成节，泡辣椒切成节，泡姜切成片，老姜15克拍破，15克切成米。2. 锅置旺火上，掺水烧开，把兔肚放入，加姜、大葱和白酒快速汆水后，捞出沥干。3. 炒锅放菜油烧热，下姜末、蒜末、花椒和泡椒节，泡姜片炒香，然后放入兔肚，加精盐、芹菜节等，翻炒至香味浓郁时，下味精，淋入麻油和香醋，炒匀起锅装盘，撒上熟芝麻和葱花即可。

成菜特点： 兔肚脆爽，泡椒味浓。

注意事项： 1. 兔肚一定要洗干净，并汆水除异味。2. 兔肚汆水动作要快，才能保证成菜的脆爽。

烹制方法： 炒

材 料

主料：鲜兔肚750克　辅料：泡辣椒150克 芹菜梗100克　调料：泡姜50克 花椒10克 老姜30克 小葱花15克 大葱节25克　大蒜米25克 味精、精盐、香醋、白酒、料酒、麻油、熟芝麻各适量 菜籽油150克

布衣尖椒兔

制作方法

1. 活兔宰杀剥皮，去内脏，治净，带骨斩成丁，用清水冲净血水，沥干，纳盆加入啤酒、精盐、味精拌匀码味。2. 青、红尖椒切成节，老姜切成丝，大蒜去皮拍破，小葱切成花。3. 锅置旺火上，放菜油烧至五六成热，下兔肉丁，炸至外酥内熟，起锅沥油；锅里留油少许，放青花椒、大蒜、青尖椒、红尖椒节和姜丝炒香，再放兔肉丁炒转，下香辣酱料、精盐、胡椒粉和味精一起炒匀，撒入香葱花和熟芝麻即可。

成菜特点： 鲜香细嫩，麻辣味浓。

注意事项： 一定要选择活兔，现点现杀现炒，肉质才鲜嫩爽口。

烹制方法： 炒

 材料

主料：活兔 1200 克　　辅料：青、红尖椒各 100 克　　调料：啤酒 250 克　老姜 50 克　青花椒 50 克　大蒜 50 克　香辣酱 50 克　熟芝麻、小葱、味精、精盐、胡椒粉各适量　菜籽油 250 克

 菜品介绍

听说在大学城有一家叫布衣印象的餐饮店，制作尖椒兔非常地道，虽然我就住在大学城，却一直没有来得及去光顾。近日，四川烹饪杂志编辑部主任田道华、贵州餐饮界名人吴茂钊等一干朋友来重庆，我们相约，决定去见识一下布衣尖椒兔的魅力。

此菜是现点、现杀、现烹。兔肉及青、红椒炒得恰到火候，看上去微黄、翠绿与红润互映，煞是可爱。尖椒吃到口中清香、脆嫩。在大堆的尖椒包围中的兔肉，看似微黄嫩嫩，很温柔的样子，却是吸收了尖椒和青花椒的精华，清香中透着麻辣，麻辣中醇香细嫩，让人越吃越想吃，那真是传说中的美味。

牙签兔片

 制 作 方 法

1. 净兔肉切片，用牙签穿好，加料酒、少许盐、水淀粉码味。2. 红、青小米辣椒切节，仔姜切片。3. 炒锅置火上，放入色拉油烧至七成热，下牙签兔片，滑散后即起锅沥油待用。4. 锅中留底油，烧至五成热，下小米辣椒节、仔姜片、鲜花椒，炒出香味后，下兔肉、料酒、盐、味精，簸转后起锅即成。

成菜特点： 椒香爽辣，兔肉鲜嫩。

注意事项： 如喜酥香焦脆，可在牙签兔片过油时，多炸一会儿，色变时起锅，又会是另一种味道了。

烹制方法： 炒

菜

品

介

绍

俗语说：天上飞的斑鸠，地上跑的兔子。兔肉属于高蛋白质、低脂肪、低胆固醇的肉类，别名叫"菜兔肉"，故有"荤中之素"说法。在日本，兔肉被称为"美容肉"，受到年轻女子的青睐，常作为美容食品食用。传统中医认为，兔肉具有补中益气、滋阴养颜、生津止渴的作用，可长期食用，又不引起发胖，是肥胖者的理想食品。兔肉可红烧，可卤制，可干炒，也可做干锅等，凡烹饪肉食的技法，都适合烹饪兔肉。但江湖菜厨师不满足传统做法，总要出新，居然出奇制胜，以牙签串兔肉丁入馔，新颖独特，别具匠心，口感外焦内酥，辣香适口。

 材 料

主料： 净兔肉 300 克　　**辅料：** 鲜花椒 35 克

调料： 红小米辣椒 20 克　青小米辣椒 20 克　仔姜 20 克　精盐 3 克　味精 10 克　料酒 15 克　水淀粉 25 克　色拉油 300 克（实耗约 25 克）

牙签双味

兔肉制作：1. 净兔肉切片，用牙签穿好，加料酒、少许盐、水淀粉码味。2. 红、青小米辣椒切节，仔姜切片，莴笋叶切丝入盘垫底。3. 炒锅置火上，放入色拉油烧至七成热，下牙签兔片，滑散后即起锅沥油待用。4. 锅中留底油，烧至五成热，下小米辣椒节、仔姜片、鲜花椒，炒出香味后，下兔肉、料酒、盐、味精，簸转后起锅即成。

羊肉制作：1. 羊肉切片，穿在牙签上，加少许料酒、盐码味；干红辣椒切节，小葱切花，莴笋叶洗净，切成丝入盘垫底。2. 炒锅置火上，放入菜籽油烧至七成热，下羊肉串炸至色变肉熟，滗去油，下干红辣椒节、辣椒粉、花椒粉、孜然粉、料酒，炒匀后起锅入盘，撒上白芝麻、葱花即成。

成菜特点：兔肉咸鲜微辣，羊肉外焦里酥，双味鲜香。

注意事项：羊肉要炸酥香，兔肉要滑嫩脆。

烹制方法：炸、炒

都是食草动物，为何不让它们来个亲密接触呢？

兔肉好，羊肉也不弱，它既能御风寒，又可补身体，对一般风寒咳嗽、虚寒哮喘、肾亏阳痿等虚状，均有治疗和补益效果，最适宜于冬季食用，故被称为冬令补品。

主料：净兔肉 300 克　净羊肉 300 克　**辅料**：莴笋叶 100 克　**调料**：羊肉调料：干红辣椒 20 克　辣椒粉 10 克　花椒粉 10 克　孜然粉 15 克　小葱、熟白芝麻、料酒、精盐、味精各适量　菜籽油 350 克（实耗约 25 克）　兔肉调料：红小米辣椒 20 克　青小米辣椒 20 克　仔姜 20 克　精盐、味精、料酒、水淀粉各适量　色拉油 300 克（实耗约 25 克）

仔姜兔

 菜

 品

介

绍

兔肉包括家兔肉和野兔肉两种，家兔肉又称为菜兔肉。兔肉性凉味甘，属高蛋白质、低脂肪、少胆固醇的肉类，质地细嫩，味道鲜美，营养丰富，在国际市场上享有盛名，被称之为"保健肉""荤中之素""美容肉""百味肉"等等。每年深秋至冬末味道更佳，是肥胖者和心血管病人的理想肉食。仔姜，又名嫩姜、鲜姜芽，主要营养成分有姜辣素，不含防腐剂，既是很好的佐料、调味品，也是很好的医疗保健品；仔姜既可生食，也可做配翘，故古人称之为"蔬中拂土"。用仔姜炒兔肉，主料辅料营养互补，美味可口。

制 作 方 法

1. 兔腿洗净，切成小块，加精盐、料酒、姜葱水码味，然后用水淀粉上浆放置15分钟；仔姜切成片，青尖椒切破，泡红辣椒切成丝，小葱切节。2. 锅置旺火上放色拉油，烧至五成热，下兔肉滑熟起锅，锅中留油，下鲜青花椒、泡红椒炒香，下姜片、青尖椒炒转，然后下兔肉、辣妹子酱翻炒，下精盐、味精炒入味，下葱节，勾薄芡簸转起锅。

成菜特点：兔肉细嫩，仔姜爽口，味浓鲜香。

注意事项：1. 兔肉在烹制前要用姜葱料酒去腥。2. 爆炒时要保证油多火旺才能让兔肉口感细嫩。

烹制方法：炒

材 料

主料：兔腿肉500克　辅料：仔姜100克　青尖椒50克　调料：泡红辣椒5克　青鲜花椒5克　辣妹子酱10克　精盐7克　味精5克　小葱25克　姜葱水25克　料酒25克　水淀粉30克　色拉油250克

花椒兔

1. 兔肉切片，加精盐、少许料酒、姜片、干淀粉码味。
2. 炒锅置火上，放入混合油烧至六成热，下兔片滑至断生，捞出沥油待用。3. 锅中留少许油，烧至五成热，下鲜花椒、干红花椒、干青花椒、青尖辣椒节，炒香后下兔肉片、黑木耳、莴笋片、仔姜片、蒜片、料酒、葱节、味精、鸡精，炒匀起锅即成。

成菜特点： 兔肉椒香浓郁，咸鲜细嫩爽口。

注意事项： 浸炸花椒时，油温要掌控好，切不可炸煳了。

烹制方法： 滑、炒

主料： 净兔肉 350 克　**辅料：** 泡发黑木耳 25 克　莴笋片 50 克　葱节 20 克　**调料：** 鲜花椒 25 克　干红花椒 20 克　干青花椒 15 克　姜片 15 克　仔姜片 25 克　蒜片 10 克　青尖辣椒节 15 克　干淀粉 5 克　料酒 25 克　精盐 3 克　味精 10 克　鸡精 5 克　混合油 500 克（实耗约 25 克）

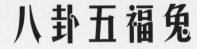

八卦五福兔

菜品介绍

八卦起源于三皇五帝之首的伏羲，伏羲氏在天水卦台山始画八卦，也就是八个卦相，是古代的阴阳学说。

"五福"出于《书经》，是古代关于幸福观的标准：长寿、富贵、康宁、好德、善终。

兔肉营养丰富，是人们喜爱的一种食品。"饭江湖"厨师将这款菜肴取名为八卦五福兔，看来，是取其阴阳调和，五味齐备之意。

制 作 方 法

1. 红、青美人蕉辣椒切成圈，红、青小米辣椒切成圈，老姜切成片，西芹洗净切节；小黑木耳洗净，入沸水中汆一水，入盆垫底。2. 兔肉切成条，加2克盐、料酒、老姜片码味，下干淀粉拌匀待用。3. 炒锅置火上，放入混合油烧至六成热，下兔肉条，滑至松散起锅沥油待用。4. 炒锅留少许油，下小米辣椒圈、干青花椒粒，炒香后下自制味汁，沸后下兔肉条、盐，兔肉熟后，下美人蕉辣椒圈、味精、鸡精、西芹节，炒匀起锅入木耳盘即成。

成菜特点： 肉嫩汤鲜，味醇盈香。

注意事项： 自制味汁：红、青美人蕉辣椒各30克，红、青小米辣椒各30克，老姜15克，西芹50克，胡萝卜50克，混合搅打，用纱布过滤，只取其汁。

烹制方法： 汆、烧

材 料

主料：去骨鲜兔肉300克　　辅料：小黑木耳50克　西芹30克　　调料：红美人蕉辣椒35克　青美人蕉辣椒25克　红小米辣椒20克　青小米辣椒20克　干青花椒粒、老姜、精盐、料酒、味精、鸡精、干淀粉各适量　自制味汁500克　混合油500克（实耗约30克）

鲊海椒炒兔腿

1. 白卤兔后腿、鲊海椒分别盛于容器，入笼蒸约15分钟。2. 兔后腿斩成块，入盘码成整腿形；仔姜切米。3. 炒锅置火上，放入菜籽油烧至七成热，下鲜花椒，炒出香味后，捞出花椒不要，下鲊海椒、姜米，炒匀后盖在兔后腿上即成。

成菜特点： 兔肉婉约鲜香，盖料椒辣清醇。

注意事项： 兔腿宰时只断其一面，另一面皮相连，摆放时将完整的一面摆在上面，看似如同一只整腿。

烹制方法： 蒸、炒、盖

主料：白卤兔后腿1只　辅料：鲊海椒
50克　调料：鲜花椒10克　味精10克
仔姜10克　菜籽油30克

鲊海椒据说是土家人发明的，但至少从清末以来，巴渝地区人家都会制作。那时生活艰难，即使种了菜，也是卖钱补贴家用。家里吃菜，不是泡咸菜，就是豆瓣酱，几乎没什么蔬菜。老吃这些也腻呀，于是，乡民们就在辣椒收获季节，将新鲜辣椒剁碎，与玉米面拌匀，加盐、花椒等，密封在坛子里，发酵后，就成了一道美味菜肴。可以佐饭，开胃提神；可以作菜，辛辣爽口，关键是能够长期保存，吃上一个对年。

俗话说：天上飞的斑鸠，地上跑的野兔。可见兔肉是美味又养生的好食材。兔肉烹饪手法很多，炒、烤、焖、红烧、粉蒸、炖汤等都可以。但用鲊海椒烹饪，却很少见，这也是江湖菜的精髓：看似简陋拙朴，实则意料之外。

沙漠驴肉

 制 作 方 法

1. 驴腿肉片切成大片，用刀背拍松，加精盐、料酒、姜片、胡椒粉码味30分钟，然后取出揿干；青、红尖椒切破，鸡蛋加豆粉制成全蛋糊，面包糠下锅加精盐、味精炒成细粒。

2. 锅置火上掺色拉油，烧至六成热，驴肉片拖上全蛋糊，下锅炸至微黄色捞出，待锅内油温升至七成热，再入锅炸至金黄色起锅改成条片。

3. 锅中留少量油，下干红辣椒节、花椒炒香，再把驴肉放入，下青尖椒、红尖椒、花生碎颗粒、黄豆炒转，最后加面包糠、芫荽节、葱节起锅。

成菜特点： 咸鲜微辣、肉质鲜嫩、酥香可口。

注意事项： 面包糠炒制时，切忌炒煳。

烹制方法： 炸、炒

 菜
 品
介
绍

驴肉的营养价值极高，民间有"天上龙肉，地上驴肉"的谚语。古人把驴肉比做龙肉，不仅赞美驴肉的肉质鲜香细嫩，味美可口，更看重驴肉的营养价值和滋补健身的功效。

驴肉蛋白质含量比牛肉、猪肉高，而脂肪含量比牛肉、猪肉低，是典型的高蛋白质低脂肪食物，中医认为，驴肉可补气养血，对气血不足者有极大补益，驴肉可养心安神，用于心虚所致心神不宁的调养，驴肉可护肤养颜，有很好的美容功效。

 材 料

主料： 驴腿肉400克　　**辅料：** 青、红尖椒各15克　油酥黄豆50克　花生碎粒10克

调料： 鸡蛋2个　料酒15克　姜片15克　胡椒粉10克　精盐10克　味精3克　干细豆粉50克　面包糠50克　干红辣椒10克　芫荽节10克　葱节15克

第四篇
江湖余韵

桂花粉丝

粉条是以大米、豆类、薯类和杂粮为原料，加工制成的干燥淀粉制品。以前，人们熟知的粉条都是豌豆制成的，那时，重庆郊区农村，基本上每个生产大队都有一个制作粉条的作坊，用豌豆生产粉条。现在，制作粉条的食材扩宽了，红薯、土豆、玉米等都可生产粉条。粉条有良好的附味性，它能吸收各种鲜美汤料的味道，再加上粉条本身的柔润嫩滑，制成的菜品鲜香爽口。人们熟知的有大肠砂锅、肉丝酸菜粉、蚂蚁上树、肉末粉丝、蒜蓉粉丝虾、瘦肉番茄粉丝汤等。鸡蛋黄用油炒制后，色泽鲜黄犹如金秋飘香桂花，因口感酥香，颗粒散疏，用于烹饪能增加菜肴的风味，各种"桂花"菜经久不衰。巴渝大厨用蚂蚁上树的烹制法，炒制的桂花粉丝，使人耳目一新。

制 作 方 法

1. 鸡蛋黄调散，加精盐，入锅炒至酥香松散成蛋沫起锅待用；干粉丝在油锅中炸泡捞出，韭菜花切碎，韭黄切成节。2. 炒锅置旺火上，下芝麻油烧至六成热，姜蒜米煵香，下粉条，掺鲜汤，加蒸鱼豉油、精盐推转，然后下鸡蛋沫、虫草花、韭菜花烧至汁干柔软入味，下韭黄、味精起锅。

成菜特点：色泽淡雅、香酥柔软、味美适口。

注意事项：此菜是自然收汁，切不可下芡收汁。

烹制方法：炒

材 料

主料：干粉丝 50 克 鸡蛋黄 3 个
辅料：韭菜花 20 克 鲜虫草花 10 克
韭黄 25 克   调料：姜蒜末 15 克
精盐 7 克 味精 5 克 蒸鱼豉油 50 克
芝麻油 50 克 鲜汤 100 克   色拉油
250 克

鲊海椒土豆片

制　作　方　法

1. 土豆切片，蒜苗切节。2. 炒锅置火上，放入混合油烧至六成热，下土豆片，滑至断生，捞起沥油。3. 锅内留少许油，烧至五成热，下红鲊海椒，炒至出香出色后，下土豆片、蒜苗、精盐、味精，炒匀起锅，撒上葱花即成。

成菜特点： 辣香脆爽，香味盈口。

注意事项： 土豆片过油时，不可过久，火也不要大，煳了其味就变了。

烹制方法： 炒

菜品介绍

常做菜的人都知道，鲊海椒如同中药里的甘草，任何菜肴都可以烹饪，它略带酸味的辣中，有一股酿造过程中产生的醇香，酽酽的，闻着就令人神清气爽。鲊海椒与土豆片同炒，土豆片挂上鲊海椒的醇香、辣味，再加上蒜苗的香气，把一款原本毫无亮点的素菜，烹饪得三色皆有，生机盎然，看着醒目，吃着味美。

材　料

主料：土豆 300 克　　辅料：红鲊海椒 30 克　　调料：蒜苗 10 克　精盐 3 克　味精 5 克　混合油 300 克（实耗约 15 克）

擂钵茄子

菜品介绍

一个曾经到云南支边的朋友说，到农场那天是晚上，晚餐是一碗白米饭，上面放着一只煮茄子，茄子上面是一撮盐。端着饭，不少人都哭了。是很艰苦，但那时更苦的人家却连多余的碗都没有。地里的茄子摘几个，辣椒摘几颗，南瓜叶子抓两张，裹着茄子、辣椒，往柴灶里一扔，熟后扔进擂钵里，洒点盐，"咚咚"擂两下，端上桌，一家大小也就开饭了。

时下的人要返璞归真，讲究原始野趣，不少艰难日子里吃的饭菜，又原汁原味地展现出来了。

  制 作 方 法

1. 茄子上笼蒸熟，撕成长条，放入擂钵。

2. 青、红小米辣椒切圈，同盐、味精、花椒油、菜籽油一起放入擂钵，擂转即成。

成菜特点： 天然本色，返璞归真。

注意事项： 小米辣椒不可炒熟，取其生鲜辣，更不可放酱油。

烹制方法： 蒸、擂

  材 料

主料：茄子500克　辅料：青、红小米辣椒30克　调料：精盐5克　味精15克　花椒油5克　菜籽油5克

蛋酥玉米

1. 取干淀粉50克，加鸡蛋调成蛋粉糊，加入玉米粒拌匀，再将挂了糊的玉米粒放在干淀粉中，均匀裹粉至散籽。2. 炒锅置火上，放入色拉油烧至六成热，下玉米粒炸脆起锅待用。3. 另锅放入色拉油50克烧至三成热，下咸蛋黄炒散至翻沙，下精盐、味精、白糖调好味，然后下炸好的玉米入锅翻匀，让蛋黄均匀地粘裹上玉米粒，起锅装盘即成。

成菜特点： 色泽艳丽香鲜，"蟹"味浓郁酥脆。

注意事项： 炸玉米粒时要掌控好油温，不可炸煳。

烹制方法： 炸、炒

主料：玉米粒200克　辅料：咸蛋黄50克　调料：鸡蛋1只　精盐1克　白糖1克　干淀粉200克　味精2克　色拉油1000克

嫩玉米出来的时候，家家都会买一些，或带壳煮熟，剥掉外壳啃着吃，一股带着田野清冽的鲜香软糯，直沁心脾，让人觉得夏天真好！但若剥了外壳煮，味道就差多了，玉米的鲜香味道被煮进水里了。也有的将玉米粒剥下来，炒着吃，或配青辣椒，或配肉丁，也有的磨成糊，做成嫩玉米汤圆或烙饼吃。总之，吃法是很多的。

这款蛋酥玉米，有些新意。咸蛋黄，熟后翻炒，会产生一种浓郁的蟹香味，与蟹黄几无差别，传统川菜里常用此来与蟹黄乱真。成菜色泽金黄，颗颗酥香，乃佐酒佳肴。

竹香茼蒿

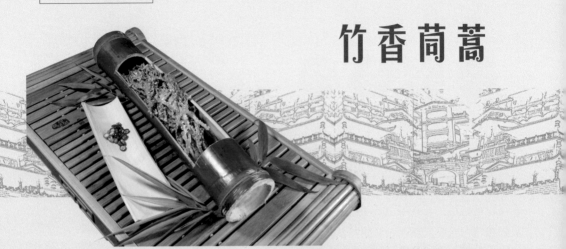

制　作　方　法

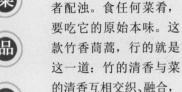

菜品介绍

　　文人美食家袁枚最为推崇：清者配清，浊者配浊。食任何菜肴，要吃它的原始本味。这款竹香茼蒿，行的就是这一道：竹的清香与菜的清香互相交织、融合，可谓江湖中的"君子菜"。

　　江湖菜厨师大多来自乡间，最谙熟的就是自由采撷乡间民风，浑然天成，自然成一菜。

　　茼蒿菜洗净，拌上米面、盐，入竹筒上笼蒸5分钟左右即成，青、红小米辣椒切圈随同上桌。

成菜特点：竹香、菜香，双香清鲜。

注意事项：此菜不可过多放调料，自然天成，清鲜随性。如无竹筒，荷叶、芭蕉叶，甚至南瓜叶、丝瓜叶垫底都成。

烹制方法：蒸

主料：茼蒿菜250克　　辅料：米面25克　　调料：精盐3克　青、红小米辣椒3克

水豆豉冬苋菜

 制作方法

1. 冬苋菜洗净，红菜椒切成丝，大葱切成丝，干红辣椒切成节。2. 锅置旺火上，掺清水烧开，把冬苋菜放入加精盐煮至断生，起锅整齐摆在盘中。3. 水豆豉加入鲜汤、味精、鸡精调匀，淋在冬苋菜面上，撒上红菜椒丝、葱丝。4. 锅中烧色拉油，当油温五成热时，下干红辣椒节炝香，连油带料辣椒淋在水豆豉、葱丝上即可。

成菜特点： 咸鲜微辣，滑爽清香。

注意事项： 水豆豉若咸味过大，制作时可不再放盐。

烹制方法： 煮、拌

 材料

主料：冬苋菜350克　辅料：水豆豉100克　调料：红菜椒15克　大葱20克　干红辣椒3克　精盐3克　味精5克　鸡精5克　鲜汤25克　色拉油50克

 菜
 品
 介
 绍

水豆豉是四川、重庆传统酿造食品之一。它以大豆（黄豆）为原料，在酿造过程中，由于细菌酶的作用分解原料中的蛋白质，同时由于呼吸热和分解热的郁积，使原料在堆积中升温达50℃以上。大部分细菌在生长不利的条件下迅速形成这一产品所特具的黏液，并在分解中产生特殊的气味，其口味鲜美馨香。

冬苋菜，据专家考证，是战国时期人们食用的五种蔬菜之一，其他四种都失传了，只有冬苋菜，是唯一留传至今的古蔬菜。

水豆豉可以直接用于佐餐或制作蘸味碟。用来作调味品烹制拌菜、炒菜、烧菜、炸菜、蒸菜等口感鲜明，味道醇厚。

香辣土豆饼

制　作　方　法

　　土豆，在过去艰难日子里，不少地区是拿它当主粮吃的。重庆的石柱地区，那时土豆基本上要当半年粮。一到冬天，堂屋中央的火塘上成天燃着火，上面吊一瓦罐，里面盛着水，饿了，烤一个土豆吃，渴了，从瓦罐里舀碗水来喝。那时，不少国人梦寐以求的一道菜，是土豆烧牛肉。如今土豆要细作当菜看了，于是层出不穷的土豆佳肴接踵而来。此处介绍的这款江湖土豆菜肴，应该算是其中的佼佼者了。

　　1. 土豆洗净去皮，切丝，加生粉、盐拌匀。青、红尖辣椒切成长丝。2. 锅置火上，放入色拉油烧至五成热，下土豆丝，在锅里摊成饼状，然后逐步升温，熟后入盘。3. 滗出多余油，锅中留少许油，下青、红尖辣椒丝，炒熟撒在土豆饼上即成。

成菜特点： 酥中带韧，韧中有脆，鲜香盈口。

注意事项： 烹制时油温不可过高，更不可用油炸，否则，口感大异。

烹制方法： 煎

材　料

　　主料：土豆 300 克　　辅料：生粉 20 克　调料：青、红尖辣椒 10 克　盐 3 克　色拉油 50 克（实耗约 15 克）

油啄米

1. 腊肉切粒，青、红小米辣椒切圈，鲜茴香切节。2. 炒锅置火上，放入色拉油、麻油烧至五成热，下腊肉粒，炒出香味后，下玉米粒，炒至玉米粒熟透色变，下辣椒圈、盐、味精、茴香节，炒匀起锅即成。

成菜特点： 腊香、茴香、鲜香、辣香，四香扑鼻，诱人食欲。

注意事项： 炒玉米粒时，掌握好火候，既要熟透，又不可煳。

烹制方法： 炒

主料：鲜玉米粒 250 克　　辅料：去皮五花腊肉 100 克　　调料：青小米辣椒 20 克　红小米辣椒 20 克　鲜茴香 10 克　精盐 3 克　味精 5 克　色拉油 20 克　麻油 5 克

这是最为随性的一道菜肴。过去，嫩玉米出来的时候，恰恰是农家最忙碌的时候，稻田要除草，玉米地里间种的红苕要牵藤，田埂上种的豇豆要收，菜地里的蔬菜也要侍弄，还有家里养的猪呀鸡呀等杂活。但这时又偏偏来了客人，于是主人匆匆剥两颗嫩玉米，摘几颗辣椒，踮起脚从灶台上挂着的腊肉上割下几两肉，剁碎一同下锅炒，玉米粒在油锅里不停地弹跳，如同油在啄米，弹跳中，清香也从锅里弥散开来，地道的时鲜菜令客人大为赞赏。如今，这款地道的农家菜肴，受到越来越多的人追捧，特别是才从地里掰下的玉米，味道更为鲜美。

双椒樱桃萝卜

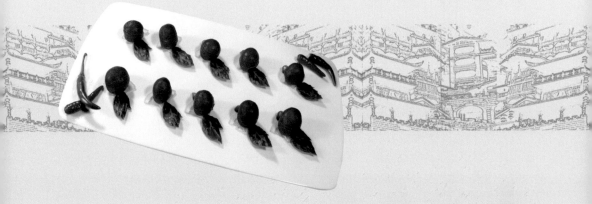

菜
品
介
绍

一日，同几个朋友到"饭江湖"小酌，特级厨师朱国荣老师也在。酒至半酣，朱老师对徒弟蔡强说：你去弄个凉菜来。接着又补充说：弄个新鲜点的，菜单上没有的，让卢老师他们尝尝。

一会儿，蔡强端着一只盘子过来，上面摆着一颗颗红红的果子，极像大樱桃。放到桌上，才看仔细，是红红的小萝卜。闻之，有一股酸甜微辣的味道。萝卜切的蓑衣刀，用筷子夹着顶端，提起就成一串薄薄的萝卜片，煞是美观。

谁说江湖菜厨师不懂摆盘，不懂造型，不会做精致菜？此菜就是一例。清冽鲜纯，婉约隽永。

制 作 方 法

1. 樱桃萝卜洗净，切蓑衣刀，入盆用盐码渍约20分钟。2. 红、青小米辣椒切碎，同红醋、白糖、凉开水制成腌味汁，入小罐待用。3. 将腌了盐的樱桃萝卜，用冰开水冲洗，放入腌味汁中，浸泡约15分钟，即出上盘即成。

成菜特点： 酸甜微辣，萝卜清香。

注意事项： 制作腌味汁可根据萝卜量，以淹浸住萝卜为好。酸、甜、辣味可根据自己或客人喜好，随意添加。

烹制方法： 腌、浸泡

材 料

主料：樱桃萝卜500克　　辅料：盐10克　　调料：红小米辣椒25克　青小米辣椒25克　红醋35克　白糖15克　凉开水适量

葱香土豆泥

1. 土豆削皮，切片，清洗干净后，入笼蒸制炽熟；小葱切节。2. 炒锅置火上，放入化猪油烧至五成热，下土豆片，边炒边用力碾压，成泥状时，下盐、味精、一半葱花，拌匀后起锅，撒上余下的葱花即成。

成菜特点： 葱香浓郁，鲜糯爽口。

注意事项： 1. 土豆片不可水煮，否则土豆的原始香味就丢失了。

2. 也可整只蒸，熟后剥皮下锅碾成泥。碾时可加点鲜汤，过于干稠也影响口感。

烹制方法： 蒸、炒

主料：土豆500克　　辅料：小葱25克
调料：化猪油20克　精盐3克　味精5克

这是过去岁月里，一般家庭常做的一道菜。那时生活水平普遍不高，将煮熟的土豆下锅捣成泥，加上葱花就成一菜。盛一大碗，上面堆着饭，张家出李家进，串着门就将饭吃完。若土豆泥里加了猪油，隔老远就能闻着香味，邻居们也会用筷子挑点来尝。这是土豆的特性，不加油虽也能捣成泥，但不滑糯，土豆的原始香味也溢不出来。但若添了油，立刻滑软糯黏，土豆的香味也渗出来，闻之让人极其舒服，却又说不出是个什么味。只能说，那就是土豆的味道。吃着这款菜，能唤起旧时的回忆，仿佛来到了田野，闻着杂花绿草溢出的清香。

虎皮尖辣椒酿肉

  制 作 方 法

 菜 品 介 绍

这是嗜辣之人发明的菜肴。手捧一大碗米饭，对着桌上无辣的菜肴一点也引不起食欲。于是拿来几颗辣椒，蹲在柴灶前，将辣椒扔在余烬上，烤熟后撒点盐，"吭吭呼呼"一碗饭就下肚。再盛一碗，却见桌上还有老腊肉，于是塞些腊肉在辣椒里，烧烤着又更下饭，鲜香味当然是无比的。于是就成了一菜。

旧时巴渝地区人家，可能大多都有此经历，更有甚者，用干红辣椒填肉，油炸酥香后下饭，曰"油蚱蜢"。烹饪此菜，也是重温历史、再现民俗了。那遥远的记忆，在城镇化快速发展的今天，已难以寻到了。

1. 辣椒用刀从顶端剖断，带柄端作盖，掏出辣椒籽待用。2. 肥瘦肉剁成蓉，老姜剁成末，同肉蓉拌匀，下大葱汁、盐，搅拌均匀，灌入辣椒内，合上辣椒盖。3. 炒锅置火上，放入菜籽油烧至六成热，下辣椒用筷子操作中火煎，熟后起锅即成。

成菜特点： 清香微辣，鲜糯沁心。

注意事项： 1. 煎时切忌将辣椒炸煳，保持辣椒的清香味。2. 要用半肥半瘦肉，才松软鲜香，全是瘦肉会板结，口感也差。

烹制方法： 煎

  材 料

主料：尖青辣椒 300 克　　辅料：猪去皮肥瘦肉 300 克　调料：老姜 10 克　大葱汁 10 克　精盐 3 克　菜籽油 25 克

随便炒

1. 豆腐干切条，黄豆芽洗净，红苕粉条用温水泡好，杏鲍菇切成同豆腐干大小的条，韭菜切节，蒜苗切节，干红辣椒切节。

2. 炒锅置火上，放入色拉油烧至七成热，下干红辣椒节、豆腐干、杏鲍菇、黄豆芽、红苕粉条、蒜苗节、鲜酱油，大火猛炒，炒匀后下精盐、味精、鸡精、韭菜节、麻油，簸转起锅即成。

成菜特点： 清香盈口，淡雅味醇。

注意事项： 随便炒，即什么菜都随心所欲地混合炒。一锅就能吃到不同口味的蔬菜。

烹制方法： 炒

主料：豆腐干50克　黄豆芽50克　红苕粉条50克　杏鲍菇30克　韭菜20克
辅料：蒜苗20克　调料：干红辣椒5克　精盐5克　味精10克　鲜酱油5克　鸡精5克　麻油5克　混合油35克

对于请客的人来说，问客人想吃什么，最怕听到的是两个字：随便。就这两个字，让主人大为踌躇，即使自己作主点了菜，心里也是忐忑不安，不知客人满意不满意。但一句"随便"，让江湖菜厨师有了想象的空间，随便从厨房里乱抓一些菜，随便地炒出来，则鲜香异常，不同味道轮番在嘴里溢出，反有一种清爽的妙感。而且，十分营养。现今营养学家一再告诫：每天要吃二十几种食材，才能保持营养平衡，再不济，也要吃十几种，当然也包括主食。这道"随便炒"，就是最经济最实用、味道也十分可口的菜肴。

丝瓜滑肉汤

  制 作 方 法

    菜 品 介 绍

丝瓜，不少男性对它有一个误区：认为吃了易疲软。此论大谬也。丝瓜富含的维生素 B_1 能防止皮肤老化，维生素 C 能消除斑块，使皮肤洁白、细嫩。故丝瓜汁有"美人水"之称。李时珍的《本草纲目》说它：入肝、胃经。《本草再新》认为：入肝、肾二经。有通经活络利尿功能。可见，男性吃了是大大有利的。

丝瓜作汤，不少江湖餐馆都有，简单的原料，简单的作法，却清鲜诱人，特别适合"三高"人群，也特别适合减肥人群。

1. 丝瓜去皮，切长条，老姜切片，瘦肉切片，同姜片、少许盐、大葱汁、料酒拌匀码味，小葱切葱花。2. 炒锅置火上，放入混合油烧至七成热，下丝瓜条，炒转后下清水，沸后，拣去码味的姜片，加入红苕粉，抓匀后下到锅里，熟后下盐、味精，起锅撒上葱花即成。

成菜特点： 色泽养眼，汤鲜肉嫩。

注意事项： 下红苕粉后，如肉片过于板结，可加少许水，使其松软，成菜后才滑嫩。

烹制方法： 煮

  材 料

主料：丝瓜350克 辅料：猪去皮瘦肉50克 调料：老姜15克 大葱汁5克 小葱5克 料酒5克 精盐3克 红苕粉15克 味精5克 混合油20克

土家野菌汤

1. 平菇撕块，鸡腿菇切片，杏鲍菇切片，圆头蘑菇切片，老姜切米，白菜心洗净，小葱切花。2. 炒锅置火上，放入化猪油烧到五成热，下姜米炒香后，放入鲜汤，沸后下白菜心、平菇、鸡腿菇片、杏鲍菇片、圆头蘑菇片，沸后下胡椒粉、花椒粉、味精、鸡精，起锅撒上小葱花即成。

成菜特点：清鲜纯朴，自然天成。

注意事项：此菜不宜多放调料，取其自然而成的原始本味。

烹制方法：煮

主料：平菇 30 克　鸡腿菇 35 克　杏鲍菇 35 克　圆头蘑菇 35 克　辅料：小白菜心 100 克　调料：老姜 15 克　花椒粉 2 克　小葱 5 克　胡椒粉 1 克　味精 20 克　鸡精 5 克　鲜汤 1000 克　化猪油 35 克

　　菇类、菌类食材，因含有大量维生素和微量元素，历来十分得宠。又因人们饮食观念改变：要吃得养生，吃得养颜，而菇类、菌类，恰恰是这方面的首选，近年来更是大受追捧。

　　菇类、菌类食材，还有一个特性：生长环境稍有污染，就会坏掉，可见其是最为天然纯净的食材，哪怕是人工栽培，也是如此。但这类食材也有娇贵之处：高油温高热能时营养容易流失。

　　清代文人李渔在《闲情偶记·饮馔部》曰："论蔬食之美者，曰清，曰洁，曰芳馥，曰松脆而已矣。"土家野菌汤的厨师就深谙这点，平淡中见真性，清汤中显鲜味，朴实无华，养生养颜。

折耳根拌花生米

在返璞归真、崇尚天然的今天，野菜成为人们餐桌上的新宠。人们珍视野菜是因为其口味独特，俗话说：珍馐一席，不如野菜一味。折耳根可称野菜中的上品，折耳根，又叫：蕺菜、鱼腥草，为三白草科蕺菜属多年生草本植物。多生于田埂、近沟渠的阴湿地，主要分布在两湖（湖南、湖北）、西南三省和东北三省。折耳根以嫩茎叶及地下茎为主要食用部位，其茎、叶、根嫩脆，可凉拌、炒食或做汤。

用折耳根与油酥花生米配伍，以怪味味汁拌之，五味俱全，乡土气息极浓。

制　作　方　法

1. 折耳根去叶，去须根，留嫩根茎，洗净，切成1.5厘米长的短节，花生米下油锅炸至酥脆，青、红小米辣切成颗粒，大蒜制成蒜泥，老姜切成末，小葱洗净，切成花。2. 折耳根、花生米纳盆，加青小米辣、红小米辣、精盐、味精、白糖、酱油、醋、姜末、蒜泥、红油辣椒、花椒粉、葱花拌匀，装盘，撒熟芝麻即食。

成菜特点： 滑爽脆嫩酥香，甜咸带酸辣。

注意事项： 折耳根以嫩茎叶及地下茎都可用来做菜，这里主要用地下茎。

烹制方法： 拌

材　料

主料：折耳根50克　花生米150克
调料：青小米辣10克　红小米辣10克　大蒜10克　老姜10克　小葱25克　精盐、味精、白糖、酱油、醋、红油辣椒、花椒粉、熟芝麻等各适量。

豆豆汤

制 作 方 法

1. 赤豆洗净，清水浸泡后，加少许水用高压锅压烀待用。芥菜洗净，切成小节待用。2. 米汤入锅，加入赤豆，沸后下芥菜节，待烀后下精盐、味精起锅即成。

成菜特点： 清香盈鲜，豆沙浓郁。

注意事项： 1. 赤豆可一次用高压锅多熬一些，随用随取。2. 除芥菜外，其他青叶子菜均可用，但切忌煮变色。

烹制方法： 煮

材 料

主料：赤豆20克
辅料：芥菜25克
调料：精盐3克　味精3克　米汤150克

 菜
 品
 介
 绍

赤豆，也称红豆，重庆人称为饭豆，大约是可以当粮食充饥吧。过去，巴渝地区人家，常用此熬汤，特别是老南瓜出来后，熬一锅汤，再放下老南瓜块，煮出的汤色泽红亮，甜香盈口，是饭桌上佐餐、充饥的不二选择。"饭江湖"这款豆豆汤，用煮烀软的赤豆同芥菜同煮，红汤中浮出青绿，有豆香，有芥香，有鲜香，把酒大快朵颐后，享用这样的豆豆汤，如同桑拿后喝冰镇啤酒：爽！

粉蒸萝卜丝

制 作 方 法

1. 萝卜切丝，青、红小米辣椒切圈。
2. 萝卜丝、红蒸肉粉、麻油、盐拌匀，入碗上笼蒸15分钟，出笼撒上青、红小米辣椒圈即成。

成菜特点：清香、质朴、解腻、爽口。

注意事项：萝卜丝不能切得过细，否则蒸熟易断，口感也差了。

烹制方法：蒸

菜 品 介 绍

萝卜以前是时令菜，秋冬上市季节，菜市上几乎全是萝卜。不像现在，有了大棚，一年四季都可吃到。民间认为，萝卜能消食、清热、顺气。民谚有"萝卜上市，医生没事"，"吃着萝卜喝着茶，气得大夫满街爬"，"冬吃萝卜，夏吃姜，不用医生开药方"之说。那时萝卜吃法，红萝卜不是进泡菜坛子，就是凉拌。白萝卜白水煮了，蘸调料吃。如有骨头汤炖萝卜，已是上品了。也有白萝卜炖肥肠、回锅肉汤煮萝卜，有的还将猪肺同萝卜一同炖，放些红辣椒，也是极好的美味。现今的人畏"三高"如同前人畏虎。"饭江湖"顺应潮流，推出这款"不用医生开处方"的萝卜菜，解腻醒酒，素雅洒脱。

材 料

主料：白萝卜500克　辅料：红蒸肉粉50克　调料：青、红小米辣椒5克　精盐3克　麻油5克

热拌凤尾

1. 莴笋尖洗净，切成四牙瓣。青、红小米辣切成颗粒。姜丝、红椒丝用盐腌渍。

2. 锅中掺鲜汤烧开，下小米辣、姜蒜水、生抽、精盐、味精、白糖制成味汁。3. 锅置旺火上，掺清水加色拉油、精盐烧开，然后把莴笋尖放氽至刚断生，捞出沥干，理顺摆在盘中，浇上味汁，撒姜丝、红椒丝上桌。

成菜特点： 色彩淡雅，口感嫩爽，味道鲜香。

注意事项： 莴笋尖不可氽得过熟，断生即可，使其叶鲜、茎脆。

烹制方法： 白灼、拌

主料：莴笋尖 350 克　　调料：姜丝 5 克 红椒丝 2 克 青小米辣 15 克 红小米辣 5 克 姜蒜水 25 克 生抽 10 克 精盐 5 克 白糖 2 克 味精 5 克 鲜汤 50 克 色拉油 10 克

　　莴笋，原产地中海沿岸，唐代传入我国，含多种营养成分和维生素，常食利五脏、通经络。莴笋中所含的丰富的烟酸是胰岛素的激活剂，尤其适合糖尿病患者食用，莴笋中的铁元素很容易被人体吸收。莴笋除炒外，也可做凉菜，老重庆人称为"活捉莴笋"的凉菜，就是用辣椒油、花椒、醋、白糖、酱油、鸡精、香油等兑成味汁，莴笋蘸着味汁吃很是爽口。莴笋凉拌与折耳根所需调料相似，必须用醋与白糖相拌，才爽口。不少人对热拌菜知之甚少，其实热拌菜制作非常容易，把蔬菜炒一炒，煮一煮，再浇上调好味的佐料即可，但这从冷到热的简单变化，风味口感却大不一样了。

腊香二面黄

制　作　方　法

1. 豆腐切成 1.5 厘米厚的块（大小不拘），腊肉切成片，蒜苗切成节，泡姜切成片。2. 炒锅置火上，放入色拉油烧至六成热，下豆腐块，炸至色黄捞起，沥干油待用。3. 锅中留少许油，烧至五成热，下腊肉片，炒香后下泡红辣椒、泡青辣椒、泡姜片、红尖辣椒、青尖辣椒，炒出香味后，下炸好的豆腐块，炒匀后下料酒、蒜苗节、味精，簸转后即成。

成菜特点： 酥鲜盈口，腊香味浓。

注意事项： 若用内脂豆腐，口感更好，但炸时要抹上生粉，否则易炸烂。

烹制方法： 炸、炒

菜 品 介 绍

　　豆腐是我国素食菜肴的主要原料，被人们誉为"植物肉"。相传是在公元前 164 年，由汉高祖刘邦之孙淮南王刘安所发明。刘安在八公山上烧药炼丹的时候，偶然以石膏点豆汁，从而发明豆腐。豆腐可以常年生产，不受季节限制，因此在蔬菜生产淡季，可以调剂菜肴品种。

　　二面黄是一道家常菜，在以前吃肉困难的日子里，家里来了客人，找不出好的菜肴，只好多放点油，将豆腐切片来煎，煎得二面焦黄，放些辣椒，添加蒜苗来炒，吃得出回锅肉的感觉。

　　这款腊香二面黄，加了腊肉，腊肉的腊香味浸进豆腐，香味扑鼻，更出乎意料的是，用的是泡辣椒，使其香味更加醇厚，也显得江湖味十足。

材　料

主料： 豆腐 500 克　　**辅料：** 腊肉 150 克　蒜苗 25 克　　**调料：** 泡红辣椒 30 克　泡青辣椒 30 克　红尖辣椒 10 克　青尖辣椒 10 克　料酒 15 克　味精 5 克　泡姜 10 克　色拉油 500 克（实耗约 30 克）

串串香

制作方法

1. 各种荤、素料按要求加工成形，然后用20厘米长的竹签分类串好，放入筲箕内，竹签头朝外，以便客人自由拿取，郫县豆瓣绞蓉，干红辣椒切节，老姜切片，大蒜拍破。

2. 炒锅置火上，放入菜油烧至六成热，下郫县豆瓣煸炒至出色出味，放入干红辣椒节、干花椒粒、老姜片、蒜瓣炒香，然后加入高汤烧沸，放牛油、精盐、味精、料酒、醪糟汁、冰糖熬出味，最后加入火锅底料烧沸，分盛于若干个小锅上桌，供客人煮食，也可用一大锅帮客人煮烫。

成菜特点： 红汤翻滚，麻辣鲜香。

注意事项： 制作底料时，可以分成几种类型：微辣、中辣、大辣。

烹制方法： 炒、烧

主料： 鸭肫、鸭肠、毛肚等可烫涮食材
辅料： 黄喉、鸭肝、猪肉片、猪腰片、土豆块、海带、莴笋片、腐竹、豆干、平菇、香菇、午餐肉、火腿肠等荤素菜　**调料：** 牛油100克　火锅底料400克　郫县豆瓣150克　干红辣椒50克　干花椒粒25克　老姜片25克　大蒜25克　醪糟汁、冰糖、精盐、料酒、味精各适量　菜油150克　高汤1000克

 菜

 品

 介

 绍

串串香是川西地区传进重庆的，在成都卖得火热的串串香，当初在重庆却少有人问津，个中原委着实让人纳闷，也不可思议。问喜吃串串香的成都人：串串香方便呀，花很少的钱，可以吃多种菜肴。问重庆人：那东西太小家子气了！两种回答，折射出两地人的心态：成都人是居家过日子型，重庆人是豪爽大气型。还有，不少重庆人心里，认为串串香如同幼童游戏：办"嘎嘎酒"、熬"锅锅窑"。串串香的汤汁，与火锅汤汁无异，它的菜以串卖，若两三人进火锅店，点多了，吃不完，点少了，品种少又显得寒碜，而串串香恰好弥补了这一缺陷。渐渐地，重庆地区大街小巷，也若点缀的小花，开起了一些串串香店。

荤豆花

制 作 方 法

1. 鸡脯肉切成片，用盐、料酒、水淀粉拌匀码味，酥肉切成块，冬笋切成片，酸菜切碎。2. 豆花滗去水，置于火锅锅内，放入高汤，用小火煨烫；锅置旺火上，放入猪油烧至四成热，下鸡片滑熟起锅。3. 锅内留油烧至六成热，下姜片、葱节爆香；放入酸菜炒出味，下鸡片、酥肉、冬笋片炒转，掺高汤略烧，然后下精盐、鸡精、味精调味。制成翘头。4. 把烧好的鸡片、酥肉翘头浇在火锅锅中的豆花上面，撒小葱花，坐在炉火上即可。5. 糍粑辣椒、豆瓣、花椒油、味精等兑成蘸味碟与豆花同上。

成菜特点： 麻辣鲜香，脆糯嫩爽。

注意事项： 高汤是用猪大骨、鸡鸭骨架等熬制的汤汁。

烹制方法： 炒、煨

菜 品 介 绍

市上流行的荤豆花，别出心裁地用高级清汤把豆花煮烫，使鲜味渗入豆花内部，再在豆花面上浇上荤素翘头，然后连锅上桌，锅下用炉火保温，使本菜的鲜香嫩爽特色，挥洒得淋漓尽致。

巴渝旧有俚语："豆花要烫，婆娘要胖"。这不是插科打诨，而是"食家"经典之言。一热当三鲜。滚烫的豆花，蘸上以糍粑辣椒、豆瓣、花椒油、味精、火葱拌和的色红味香的"调和"，热气裹杂着麻辣鲜香气，从唇舌间弥漫开来，顿觉浑身舒畅，那滋味简直是不摆了。如果再拈一块酥肉，夹一片鸡肉，刨一口干饭，直觉得人生快意事，不过如此！

  材 料

主料： 豆花2500克 **辅料：** 鸡脯肉150克 酥肉250克 **调料：** 冬笋50克 酸菜100克 姜片25克 大葱节10克 小葱花10克 料酒25克 水淀粉20克 猪油150克 高汤1000克 瓶装野山椒150克 蒜泥、鸡精、味精、精盐、麻油各适量

鱼香豆腐

制作方法

1. 嫩豆腐切成大块，入开水锅中，加精盐，氽透后捞出沥干；红小米辣切成圈，郫县豆瓣剁成细末，泡红辣椒剁成细末，泡姜、老姜、大蒜切米，小葱切花。2. 锅置旺火上，掺色拉油烧至七成热，将豆腐均匀地粘上生粉，入锅炸至金黄色，捞起沥油后，整齐摆放在盘中。3. 锅中留少许油，烧至七成热下郫县豆瓣，炒香出色后，下泡红辣椒末、泡姜米、姜米、蒜米、白糖、醋、小米辣、小葱花炒匀，后勾水淀粉，下味精，制成鱼香味汁，浇在豆腐上即成。

成菜特点： 豆腐外酥内嫩，鱼香浓郁鲜香。

注意事项： 豆腐不可炸煳了，生粉一定要抹均匀。

烹制方法： 炸、烧

材料

主料：嫩豆腐 250 克　　调料：红小米辣 15 克　郫县豆瓣 30 克　泡红辣椒 35 克泡姜 25 克　老姜 15 克　大蒜 10 克　小葱 20 克　白糖 15 克　醋 10 克　味精 10 克水淀粉 25 克　生粉 50 克　色拉油 300 克（实耗约 25 克）

菜品介绍

"正事不做，豆腐放醋"，是流转久远的重庆言子。一般情况下，烹制豆腐是不放醋的。而鱼香味是典型川菜味型，其中醋的比重很大。醋具有开胃，消食、养肝、醒酒的作用。相传是酒圣杜康的儿子黑塔发明的。黑塔酿酒后觉得酒糟扔掉可惜，就存放在缸里浸泡。到了二十一日的酉时，一开缸，一股从来没有闻过的香气扑鼻而来。黑塔尝后觉得酸甜兼备，味道很美，便将其作为"调味浆"，并把二十一日加"酉"字合并，取名为"醋"。

用鱼香味来烹制豆腐，像个大杂烩，几不像，这正是江湖菜的特色：拉郎配。这款菜肴里的豆腐，酸、甜、酥、嫩、细、柔。它那鲜明的地域风味，强烈的感官刺激，使人久久难以忘怀。

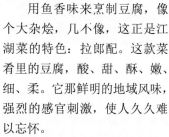

泡椒烧米豆腐

米豆腐是秀山特色小吃之一，是秀山人尽皆知的民间美食。

最初的起源，如同时下的凉粉、米粉一样，是家庭自己制作，加入的调料也是随意制作，没有形成特定的风味，也没有多少人做米豆腐生意。

随着人们生活水平的提高，一些几乎消失的民间小吃，突然走俏，其中也包括米豆腐。于是有人专门做此生意，做得也精致了，成了产业。烹饪手法也多样了，可以热吃，也可以凉吃，调味也丰富了：青椒味、豆豉味、山胡椒味、蒜泥味、折耳根味、香菜味等。

制　作　方　法

1. 米豆腐洗净，切成2.5厘米见方的块，放在开水锅中煮透。2. 泡红辣椒剁成末。泡姜切成末，老姜切成片，大蒜切成片，大葱白洗净，10克切节、15克切成颗粒。黄豆放入油锅炸酥，香菜洗净，切成花。3. 炒锅置火上，放入色拉油烧至六成热，下姜片、蒜片爆香，放入泡红辣椒末、泡姜煵炒至出色出味，掺入高汤烧沸，下料酒、精盐、白糖调味，然后放入米凉粉、味精烧入味，用水豆粉勾芡，淋入红油推转，撒上油酥黄豆、葱花、芫荽即可。

成菜特点： 细腻滑嫩，红润香辣。

注意事项： 泡辣椒咸味足，烧制后可不再放盐。

烹制方法： 煮、烧

材　料

主料：米豆腐500克　辅料：泡红辣椒100克
调料：泡姜50克　大蒜10克　红油10克
大葱白25克　老姜10克　料酒15克　黄豆
15克　芫荽10克　鲜汤、精盐、味精、白糖、
色拉油、水豆粉各适量

铁板泡椒瓤茄夹

1. 茄子洗净，去皮，切成夹刀片，瓤入猪肉馅成茄夹生坯。鸡蛋加干淀粉制成全蛋糊。青、红辣椒切成细粒。洋葱切成丝。2. 炒锅置火上，放入色拉油烧至六成热，茄夹生坯挂上全蛋糊，下油锅中炸至色黄熟透，捞出沥去余油。3. 锅内留底油，烧至五成热，下泡红辣椒、姜米、蒜米炒香，掺入鲜汤，下入茄夹、料酒、辣椒细粒，调入精盐、生抽、白糖和鸡精、味精，烧片刻，淋入香醋，勾薄芡，淋少许明油起锅装碗待用。
4. 铁板烧烫，洋葱丝在铁板中垫底，然后把茄夹倒在洋葱上即可。

成菜特点： 外酥里嫩，椒香微辣。

注意事项： 炸制茄夹时，掌控好油温，切忌炸煳。

烹制方法： 炸、烧

茄子的品种从颜色上看，有紫色、黄色、白色和青色四种；从形态上分，茄子常见的有球形的圆茄、椭圆形的灯泡茄和长柱形的线茄三种。茄子的吃法，荤素皆宜。既可炒、烧、蒸、煮，也可油炸、凉拌、做汤，都能烹调出美味可口的菜肴。茄子的营养，也较丰富，含有蛋白质、脂肪、碳水化合物、维生素以及钙、磷、铁等多种营养成分。

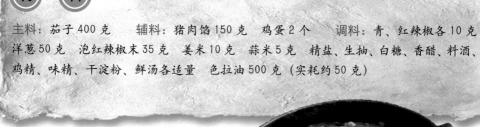

材　料

主料：茄子400克　　辅料：猪肉馅150克　鸡蛋2个　　调料：青、红辣椒各10克　洋葱50克　泡红辣椒末35克　姜米10克　蒜米5克　精盐、生抽、白糖、香醋、料酒、鸡精、味精、干淀粉、鲜汤各适量　色拉油500克（实耗约50克）

毛血旺

制 作 方 法

1. 鳝鱼切片，牛毛肚切片，牛黄喉切开，鸭肠切成15厘米长的节，入沸水汆一水，沥干水分待用。2. 炒锅置火上，加色拉油烧至五成热，下郫县豆瓣、老干妈豆豉，炼出香味后，下干红辣椒节、青花椒、红花椒，炒香后下鲜汤，沸后扫去浮沫，下辣椒粉、胡椒粉、料酒，然后依次放入黄豆芽、藕条、海白菜、青笋条、牛黄喉、瘦猪肉片、牛毛肚、鸭肠，生鸭血、蒜节，沸后下精盐、鸡精、味精，转入火锅锅内，撒上葱节即成。

成菜特点： 鸭血柔嫩，香辣鲜脆。

注意事项： 毛肚鸭肠不可久煮，入锅翻匀即可起锅。

烹制方法： 汆、炒、煮

材 料

主料：生鸭血250克　鳝鱼150克　牛毛肚150克　牛黄喉150克　鸭肠150克　瘦猪肉片150克　辅料：黄豆芽35克　藕条25克　海白菜30克　青笋条30克　调料：郫县豆瓣75克　老干妈豆豉25克　干红辣椒节25克　干红花椒粒15克　青花椒15克　辣椒粉5克　蒜节10克　小葱节5克　精盐3克　味精15克　鸡精5克　胡椒粉2克　料酒30克　色拉油75克

辣子豆腐

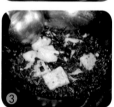

1. 内脂豆腐切成约1.5厘米厚的片，均匀地抹上生粉待用。2. 炒锅置火上，放入色拉油烧至六成热，将粘满生粉的豆腐片下锅，炸至色黄酥脆，捞起沥干油待用。3. 炒锅内留少许油，下干红辣椒节、干红花椒粒，炒至出色出味后，下炸好的豆腐块、仔姜片，炒匀后下料酒、味精，簸转即起锅。

成菜特点： 外酥脆，里柔嫩，辣香味鲜。

注意事项： 炸时要掌握好火候，切忌炸煳。

烹制方法： 炸、炒

主料：内脂豆腐1盒　辅料：生粉500克（实耗约100克）　调料：干红辣椒节50克　干红花椒粒15克　仔姜片10克　精盐3克　味精10克　料酒10克　色拉油500克（实耗约25克）

后记

　　编著这本书，也是一个对江湖菜逐步加深和了解的过程。遥想当年，横空出世的江湖菜令多少人拍案叫绝，又令多少人流连忘返，沉浸在享受那一反传统、一反世俗、一反规矩的麻辣鲜香烫中。常常是一听说某某地方，又出了一款新江湖菜，不少人立刻呼朋唤友，立马赶去品尝。那如鲫的人潮，现今任何一家餐馆不能出其右。

　　时值今日，江湖菜风头不减，但已经有了很大的改变，更加具有人性化，更加贴近客人口味，更加向醇香隽永靠近，不再是初期那么野道和无羁了。也没有多少人特别议论和关注了，而是已融入重庆菜肴当中，被越来越多的客人所接受，所享用了。

　　比起当年，江湖菜在外地更是名声远播。本文作者之一卢郎在2015年春节前，就为山西太原一家餐馆老板写了一篇江湖菜说明介绍。老板是山西人，与湖广会馆"饭江湖"携手，开了一家江湖菜餐馆，重庆市特级厨师朱国荣专程前往为其开业定味定菜定厨。

　　古人说：人在江湖，身不由己。江湖菜在重庆，虽然已融进重庆菜肴，但声名在外，江湖菜风采依旧，外地人依然推崇江湖菜，江湖菜依然是外地不少餐馆为迎得客人，祭出的一大法宝。

　　编辑这本书，也是想到江湖菜毕竟已成为重庆人生活的一部分，这些年来，增加了不少可以称为江湖菜的菜肴，辑录一本，也是对江湖菜的一种尊重。

　　本书所涉及的菜肴，均由重庆市特级厨师、重庆尚悦酒店管理有限公司技术总监朱国荣亲手烹饪，湖广会馆"饭江湖"厨师长谢前春协助并担任助手。参与此项工作的还有"饭江湖"厨师蔡强、喻志明、袁彬、杨柳等，在这里一并表示谢意。

编著者
2017 年 10 月